超简单！
3分钟打造
人气短视频

耿慧勇　张笑　毕帅　————————　编著

人民邮电出版社

北京

图书在版编目（CIP）数据

超简单！3分钟打造人气短视频 / 耿慧勇，张笑，毕帅编著. -- 北京：人民邮电出版社，2022.1（2023.9重印）
ISBN 978-7-115-57118-2

Ⅰ．①超… Ⅱ．①耿… ②张… ③毕… Ⅲ．①视频编辑软件 Ⅳ．①TN94

中国版本图书馆CIP数据核字(2021)第179864号

内 容 提 要

本书介绍了短视频的拍摄和后期处理等方法，并以"基础知识+练习实训"的形式详细讲解了移动端的剪映与 PC 端的爱剪辑视频编辑软件的应用技巧。全书分为 9 章，从基础入门、拍摄技巧、后期处理、实战训练 4 方面出发，循序渐进地介绍了短视频的入门基础、制作流程、拍摄方法、构图原则，以及素材剪辑、添加字幕、音频处理等技术。此外，本书还安排了两章实战案例，深入剖析了移动端和 PC 端视频编辑软件在制作转场特效视频、视觉特效视频、视频调色、制作文字效果等方面的应用，使读者在系统、全面地学习短视频剪辑与制作的基本操作和概念后，通过范例拓展设计思路。附录介绍了 7 种常用的短视频剪辑与制作软件，使读者对不同制作软件有一个初步认识。

随书提供学习资源，包含书中实战案例的素材文件及教学视频，供读者学习。

本书可供短视频剪辑制作初学者阅读。此外，本书还可供广大视频编辑爱好者、影视动画制作者、自媒体从业人员阅读参考，也可以作为培训机构、大中专院校相关专业的教学参考书或上机实践指导书。

◆ 编　著　耿慧勇　张　笑　毕　帅
　　责任编辑　王　冉
　　责任印制　马振武

◆ 人民邮电出版社出版发行　　北京市丰台区成寿寺路 11 号
　　邮编　100164　　电子邮件　315@ptpress.com.cn
　　网址　https://www.ptpress.com.cn
　　北京九州迅驰传媒文化有限公司印刷

◆ 开本：700×1000　1/16
　　印张：15　　　　　　　　　　　2022 年 1 月第 1 版
　　字数：408 千字　　　　　　　　2023 年 9 月北京第 3 次印刷

定价：79.90 元

读者服务热线：(010)81055410　印装质量热线：(010)81055316
反盗版热线：(010)81055315
广告经营许可证：京东市监广登字 20170147 号

前言

本书是作者根据多年教学实践经验编写而成的，全面且系统地讲解了短视频制作过程中涉及的各类拍摄、剪辑、字幕处理、音频处理等技巧，旨在满足短视频制作初学者、视频编辑爱好者、影视相关从业人员等的实际需求。

本书内容

本书分为9章，包括基础入门、拍摄技巧、后期处理、实战训练4方面的内容。其中，第1章和第2章为基础入门，主要介绍了短视频的基础知识，包括短视频的特征与优势、类型、商业变现方式、制作前期准备，以及团队的组建、内容的策划、视频的拍摄、视频的剪辑与包装、短视频的发布等内容；第3章和第4章为拍摄技巧，主要介绍了短视频拍摄设备的选择、分辨率的设置、画幅的选择、构图要素、构图的基本原则及常用的构图方法等内容；第5章至第7章为后期处理，选取移动端剪辑软件剪映和PC端剪辑软件爱剪辑，为读者详细讲解和演示了视频素材的基本编辑方法，以及短视频字幕处理、转场效果的应用、音频编辑处理等技巧性内容；第8章和第9章为实战训练，主要讲解了使用剪映制作城市宣传短视频、电影风格短视频、复古录像带风格短视频、美食制作短视频的方法，以及使用爱剪辑制作企业特效短视频、宠物店推广短视频、美食展示短视频的方法。只要读者耐心地按照书中的步骤去完成相关实例，就能有效地提高短视频剪辑与制作的实践技能及艺术审美能力。

本书特色

1. **内容安排合理**："基础讲解＋练习+拓展训练"，使读者能够全方位地掌握短视频的制作方法和技巧。

2. **多媒体教学视频**：本书为读者提供了相关练习和拓展训练的讲解视频，详细演示了短视频制作的基本方法，逐步拆解教读者完成实例的制作。此外，案例配备了相关操作视频，使读者能享受专业指导。

3. **实用性强，上手轻松**：本书案例针对性强，且学习目标明确，可以有效帮助读者在短时间内掌握视频制作软件的操作技巧，并能有效解决实际工作中遇到的难题。

4. 适用于想要快速上手的读者： 可以帮助读者轻松实现从入门到入行的跨越，在掌握软件使用方法和技巧的同时，还能掌握视频制作的专业知识，从零到专，迅速提高，进而创作出优秀的短视频作品。

提示

由于本书所涉及软件版本更新频率较高，书中软件界面可能与市面最新版本的软件界面存在细微差别，但不影响读者理解与学习。

鸣谢

在此感谢所有创作人员对本书的辛苦付出。在编写本书的过程中，我们以科学、严谨的态度，力求精益求精，但疏漏之处在所难免。感谢读者选择本书，同时也希望读者能够把对本书的意见和建议告诉我们。

编者

2021年8月

资源与支持

本书由"数艺设"出品，"数艺设"社区平台（www.shuyishe.com）为您提供后续服务。

配套资源

在线视频：操作讲解配套视频，一看就会。

素材文件：实战案例需要的素材文件。

资源获取 在线视频

  提示：微信扫描二维码，点击页面下方的"兑"→"在线视频+资源下载"，输入51页左下角的5位数字，即可观看视频。

"数艺设"社区平台，为艺术设计从业者提供专业的教育产品。

与我们联系

我们的联系邮箱是 szys@ptpress.com.cn。如果您对本书有任何疑问或建议，请您发邮件给我们，并请在邮件标题中注明本书书名及ISBN，以便我们更高效地做出反馈。

如果您有兴趣出版图书、录制教学课程，或者参与技术审校等工作，可以发邮件给我们。如果学校、培训机构或企业想批量购买本书或"数艺设"出版的其他图书，也可以发邮件联系我们。

如果您在网上发现针对"数艺设"出品图书的各种形式的盗版行为，包括对图书全部或部分内容的非授权传播，请您将怀疑有侵权行为的链接通过邮件发给我们。您的这一举动是对作者权益的保护，也是我们持续为您提供有价值内容的动力之源。

关于"数艺设"

人民邮电出版社有限公司旗下品牌"数艺设"，专注于专业艺术设计类图书出版，为艺术设计从业者提供专业的图书、视频电子书、课程等教育产品。出版领域涉及平面、三维、影视、摄影与后期等数字艺术门类，字体设计、品牌设计、色彩设计等设计理论与应用门类，UI设计、电商设计、新媒体设计、游戏设计、交互设计、原型设计等互联网设计门类，环艺设计手绘、插画设计手绘、工业设计手绘等设计手绘门类。**若想获得更多服务请访问"数艺设"社区平台** www.shuyishe.com。我们将提供及时、准确、专业的学习服务。

目录

第5章 短视频中素材的剪辑处理

第6章　为短视频添加字幕

第7章　短视频的音频处理

第8章 实战：用剪映制作短视频

第9章 实战：用爱剪辑制作短视频

附录 常用短视频软件介绍

第1章

从零开始认识短视频

短视频即短片视频，它是一种互联网内容传播载体，是随着新媒体行业的不断发展应运而生的一种新内容形式。短视频与传统的视频不同，它具备生产流程简单、制作门槛低和参与性强等特点，同时又比直播更容易传播，因此深受视频爱好者及新媒体创业者的喜爱。本章为读者介绍短视频的基础知识，来帮助大家快速了解短视频这一视频形式。

教学目标

了解短视频的特征与优势

了解短视频的类型

了解短视频的商业变现方式

1.1 短视频的特征与优势

短视频是一种影音结合体，相比图文类内容，短视频能够带给人们更为直观的感受。而且，短视频时长较短，可以充分利用观看者的碎片时间，同时又能满足人们对于信息获取的娱乐性需求。

1.1.1 短视频的特征 重点

通常来说，短视频具备以下几个显著特点。

1. 制作门槛低

传统的视频拍摄是一项分工细致的团队工作，仅凭一己之力很难完成，但短视频的出现降低了视频制作的门槛，创作者无须专业训练即可上手拍摄。传统视频拍摄需要多人协作，并且在拍摄环节有着十分明确的分工，如图1-1所示，而短视频拍摄及制作一人即可完成，在专业程度上的要求也降低了很多。对于创作者而言，无论是几十秒的生活小片段，还是几分钟的某种技能，甚至是一个简短的自拍视频，都可以制成短视频发布到视频平台。

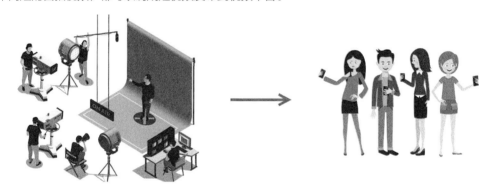

图1-1

2. 视频时长短

相较于长视频，短视频要简短许多，基本保持在5分钟以内，如图1-2所示。短视频整体节奏较快，内容一般比较紧凑、充实。

图1-2

3. 内容生活化

短视频的内容五花八门，大多取材于日常生活，创作者可以选择自己感兴趣的内容进行上传，如图1-3所示。通过记录生活中的琐碎片段，或是传递生活中实用、有趣的内容，使观众更有代入感，也使他们更愿意利用碎片时间去刷视频。

图1-3

4. 易于传播分享

随着短视频的火热发展，越来越多的视频平台开始重视短视频领域，抖音、快手这类专注于短视频创作的App逐渐增多，这些短视频App不仅具备丰富的自定义编辑功能，还支持创作者将视频实时分享到微信、新浪微博、哔哩哔哩等平台，如图1-4所示。

图1-4

1.1.2 短视频的优势 重点

与长视频相比，短视频具有更强的互动性，也更便于传播。短视频独有的优势可帮助创作者在较短时间内取得运营效果并产生收益。

1. 充分利用碎片化时间

随着科技的快速发展，很多人的生活节奏越来越快，只有在碎片化的时间里才能够拿起手机放松一下，短视频抓住了这一点，将一般视频的时长控制在15秒左右，稍长的视频也不超过5分钟，这充分贴合了用户在碎片化时间里的娱乐需求。

调查显示，中午吃饭休息时间、晚上到家休息时间、睡觉前的时间是用户观看短视频最多的时间段，用户在线率分别达到了57.4%、56.6%和54%。此外，上下班路上也是用户观看短视频的重要时间段。因此，短视频没有纯粹的"黄金时段"，主要是针对用户这些碎片时间的二次利用。

2. 时间短，黏性强，越刷越停不下来

为了充分利用碎片时间，短视频在时长上有严格的控制，可以确保用户在有限的时间内观看完视频内容，并能够拥有良好的观看体验。

长视频的创作者在制作上倾注的精力比较多，视频往往可给人"起承转合"的观看体验，节奏像一条稳定向上但又有颇多弯折的曲线，如图1-5所示，需要一定的铺垫才能将观众的情绪带向高点。而短视频时长较短，具备对观众情绪快速带入的特点，观看者可以在不同短视频之间切换、刷新，直到看到自己喜欢的视频内容，这也就是常说的"刷视频"。刷视频的过程不需要任何铺垫，观众的情绪会始终保持在一个很高的状态，如图1-6所示。

为了吸引观众的眼球，短视频一方面要确保时长较短，另一方面要避免做成系列短片，力图使每一个短视频都是独立的，在较短的时间内表达一个完整的主题，

图1-5

图1-6

只有这样才能凸显短视频的魅力。短视频为了能够在较短时长内表达出完整的主题，势必要加快叙事的节奏。为了使用户在观看时保持兴致且不会在快节奏的剧情下感到不适，短视频创作者必须在视频中融入更多的创意。

3. 拥有大批的UGC来源

UGC（User Generated Content，用户原创内容）是视频平台上的一种比较受欢迎的内容分享形式。

长视频一般需要具备完备的剧本，要完成大量的前期准备工作，这些工作内容往往需要具备专业的技能才能够完成。所以在进行长视频创作时，通常需要组建一个专业团队，门槛过高。而短视频制作简单，用户不需要经过专门的训练就可以轻松上手创作，这就使短视频能够拥有大量的UGC来源，如图1-7所示。

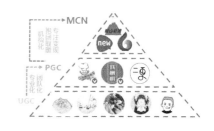

图1-7

● 提 示 ●

拍摄一个小视频，然后发布到视频平台，就是一个 UGC。

PGC（Professional Generated Content），指专业生产内容。如果创作者拍摄的视频被视频微创公司看中了，创作者加入了这个公司，和同事们一起负责制作某一档视频节目，整个流程与电视节目几乎无异，只是最终发布在互联网的视频平台上，这就是PGC，相当于专业化、团队化后的UGC。

MCN（Multi-Channel Network），是一种多频道网络的产品形态。在资本的有力支持下将PGC内容联合起来，保障内容的持续输出，从而最终实现商业的稳定变现。

4. 更新速度快，盈利周期短

短视频的时长较短，制作较简单，视频更新速度也较快，短视频的更新频率可以按天，甚至按小时计算，如图1-8所示。这对于需要以高曝光频率来进行营销的产品来说，帮助较大。相比之下，长视频最短也只可能做到"周更"，不能像短视频一样达到快速传播的效果，相对盈利周期比短视频要长。

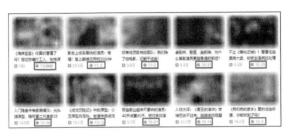

图1-8

短视频产品其实就是内容本身，用户观看短视频的同时为其增添了价值。忠实用户越多，每一期视频的播放量越高，短视频的价值也就越高。高价值的短视频更容易被平台及企业选中，从而实现合作，达到变现的目的。同时，短视频积累用户的速度更快，盈利的周期比长视频更短，这对于创作者而言风险更小，获得的回报更大。

5. 平台选择不同

长视频一般会选择与某个平台进行合作，以独家播出的形式推出，这就使得其目标用户都聚集在了某个平台上，最后产生的总播放量也只需统计单一平台；而短视频为了能够得到更多的关注，快速吸引目标用户的注意，往往在多个平台发布，这样用户可以获取同时段的多个平台的流量和粉丝，如图1-9所示。

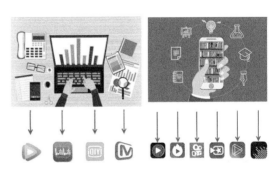

图1-9

1.2 短视频的类型

随着新媒体平台的不断扩大，短视频的内容越来越多元化，形式也不断更新。短视频的类型多种多样，不同类型的短视频能够向观众展示出不一样的风采。

1.2.1 短视频渠道类型

短视频渠道是短视频的流通线路，按照平台特点和属性，大致可以分为5种渠道，分别是在线视频渠道、资讯客户端渠道、社交平台、短视频渠道、垂直类渠道。

1. 在线视频渠道

爱奇艺、腾讯视频、哔哩哔哩、优酷等平台都属于在线视频渠道，这类平台的视频主要靠推荐及搜索来获取播放量，视频的宣传及推广力度非常重要。

2. 资讯客户端渠道

资讯客户端大都通过平台的推荐获得视频的播放量，今日头条、百家号、腾讯新闻等都属于资讯客户端。

3. 社交平台

社交平台包括QQ、微信、新浪微博等，社交平台的定位是交友，短视频的传播量主要依靠人与人之间的交流和分享。

4. 短视频渠道

短视频渠道包括抖音、快手、美拍、秒拍、西瓜视频等平台，这类平台上短视频的内容相对简单，主要靠平台的推送机制获取播放量。

5. 垂直类渠道

淘宝、京东、苏宁易购等电商平台都属于垂直类渠道，短视频可以帮助买家更好地了解商品，从而增加店铺销售额。

1.2.2 短视频内容类型 重点

根据目前热门的短视频内容类型，主流短视频可以分为6类，分别是探店类短视频、测评类短视频、特效类短视频、延时摄影类短视频、旅拍类短视频和短剧类视频等。

1. 探店类短视频

探店类短视频通过视频向观众介绍店铺商品或服务信息，达到为店铺增加曝光量和引流的目的，并从中收取商家的广告费用。探店类短视频的内容相对简单，通常以商品加文字描述的形式呈现，对拍摄方式也没有很高的要求，如图1-10所示。

探店类短视频中美食类的视频比较容易受到观众的喜爱。美食类的内容比较大众化，很容易与观众产生共鸣。

2. 测评类短视频

测评类短视频一般由视频创作者亲自测试产品，然后根据每个产品的不同特点进行客观细致的评价，分析其利弊，给对此类产品了解较少、在同类产品的选取上犹豫不决的买家一定的建议。相较于传统的文字测评，视频测评更受年轻人的欢迎，这类短视频除了

图1-10

可以给予买家建议以外，还可以帮助买家节省商品筛选时间。创作者对产品进行测试使用，以短视频的形式直观地展示产品的效果，帮助意向买家选择最适合自己的产品。

例如，在购买科技产品时，需要分析各种机型及其性能参数，基于买家的这一需求，一些机型测评类视频应运而生，如博主"小白测评"会将新上市的产品购买回来进行测试，分析其性能参数并进行实操演示，如图1-11所示。在"小白测评"的视频中，为了让观众更直观地了解产品特点，博主将性能数据做成了表格形式，如图1-12所示。

图1-11

图1-12

3. 特效类短视频

特效类短视频不仅包括技术特效视频，还包括使用软件内提供的拍摄特效功能完成的短视频作品，大部分短视频应用中都提供了一些有趣的特效，如图1-13所示。

这类特效短视频的拍摄方式相对比较简单，全程没有镜头的切换，可以轻松上手，如图1-14所示。有些特效类视频娱乐性很强，能使观众产生好奇心，并参与其中，在一定程度上可以增加内容的互动性。

图1-13

图1-14

4. 延时摄影类短视频

延时摄影类短视频在拍摄技术方面相对成熟些，需要创作者具备一定的摄影基础，因此这类视频的创作者大多是视频爱好者或摄影师，对延时摄影颇有研究。延时摄影类视频是在一段视频中，物体或景物的变化过程被压缩到较短的时间内，影像的快速变化产生日常无法用肉眼观察到的景象，可以带给观众强烈的视觉冲击，如图1-15所示。

图1-15

5. 旅拍类短视频

旅拍类短视频是一种景点拍摄视频，画面多唯美、给人放松的感觉，使观众心生向往。这类短视频的优势是风景优美，呈现的画面也会比普通日常视频质量更高，如图1-16所示。

Vlog就是旅拍类短视频的一种，通过将视频内容与旅游行程相结合，既能够介绍景点，也可以作为一份旅游攻略及行程计划表，对于想要旅行的观众来说非常有帮助。

图1-16

6. 短剧类视频

短剧类视频是一种有剧情内容的视频，需要提前确定脚本、分镜、机位、场景、摄像人员及演员等。这类视频主要是通过剧情和演员自身的表现力来吸引观众，在各类短视频平台中都占有一席之地，如图1-17所示。好的剧情能吸引更多用户的关注，从而增加视频的播放量，因此对于创作者来说，剧本的重要性及创意不容忽视。

图1-17

1.2.3 短视频生产方式

短视频按照生产方式可分为3种：UGC、PUGC（Profession al User Generated Content，专业用户生产内容）、PGC，下面分别进行介绍。

UGC：平台普通用户自主创作并上传内容，普通用户指非专业个人生产者。

PUGC：平台专业用户创作并上传内容，专业用户指拥有粉丝基础的大号，或者拥有某一领域专业知识的KOL（Key Opinion Leader，关键意见领袖）。

PGC：由专业机构创作并上传内容，通常独立于短视频平台。

1.3 短视频的商业变现方式

如今短视频领域已成为很多创业者的首选。本节简单介绍短视频的4种变现方式，分别是平台分成和补贴、广告变现、电商变现和用户付费变现。

1.3.1 平台分成和补贴

目前市面上的短视频平台几乎都有自己的分成和补贴计划，以此来激励更多创作者创造出更多优质的内容，从而为平台带来更多的流量。例如，腾讯2018年重金打造微视小视频，鼓励用户在业余时间拍小视频，单个作品只要有效播放量超过1万，便有近1000元的收入；今日头条平台过了新手期，就可以得到平台分成等。

1.3.2 广告变现

当短视频账号有了一定的粉丝之后，可以考虑拍摄广告类视频，实现广告变现。目前短视频广告变现的形式主要有4种，分别为冠名广告、植入广告、贴片广告和品牌广告。

1. 冠名广告

冠名广告是通过在视频中露出赞助商的名称进行品牌宣传的广告形式，通常会在一些综艺节目中看到，如一些节目开头会绍本节目由某品牌冠名播出，这类广告金额一般较大。

2. 植入广告

植入广告是指将广告内容与短视频内容相结合，通过剧情、口播等方式介绍产品的特点和功能，这种广告的特点是不生硬，追求自然而然融入视频的效果，观众的接受度比较高。

3. 贴片广告

贴片广告属于一种硬广告，一般出现在视频的片头或片尾。这类广告与视频内容没有必然联系，观众在观看过程中可能会感到突兀。

4. 品牌广告

品牌广告以树立产品品牌形象、提高品牌的市场占有率为直接目的。这类广告的投放要求较高，通常需要视频博主的视频内容优质，并有稳定的粉丝基础。

1.3.3 电商变现 🔵重点

随着电商的发展，实体销售产业受到了较大的冲击。短视频能全面地对产品加以展示，有效解决了信息不对称的问题。电商变现是通过短视频为店铺引流，从而为店铺增加销售额，短视频创作者从中获取一部分收益。

抖音平台提供了商品橱窗功能，用户在观看视频时可以直接点击商品链接，跳转至相应界面进行购买，如图1-18至图1-20所示。如果链接中的商品来自淘宝，则需要跳转至手机淘宝App中进行购买。

图1-18　　　　　　　　　　图1-19　　　　　　　　　　图1-20

1.3.4 用户付费变现

短视频的用户付费变现主要有3种形式，分别为用户打赏、平台会员制付费和内容商品付费。

1. 用户打赏

用户打赏是指用户以打赏或赠送虚拟礼品的方式，对喜爱的视频或创作者进行资金支持，这种方式在直播中非常常见。

2. 平台会员制付费

平台会员制付费是指用户以购买会员的方式获取平台付费优质内容，目前在微博及一些音乐软件中比较常见。

3. 内容商品付费

内容商品付费是指用户对指定商品进行付费观看，常见的有课程类视频。

1.4 本章小结

本章主要对短视频的特征优势、类型及商业变现方式进行了具体介绍，目的在于帮助读者在制作短视频之前更加清晰地了解短视频，并且熟悉它的运营方式及变现方式，为之后学习短视频的拍摄与制作奠定基础。

第 2 章

短视频的制作流程

谈到短视频的制作，大多数人首先想到的可能是设计剧本。实际上，拍摄短视频首先需要的是组建一个团结、高效的创作团队，只有借助众人的智慧，才能够将短视频打造得更加完美。

教学目标

了解短视频制作的前期准备工作

了解短视频制作团队的组建流程

掌握短视频的策划方法

掌握短视频的拍摄方法

掌握短视频的剪辑与包装方法

掌握短视频的发布方法

2.1 短视频制作的前期准备

想要做好短视频，前期的投入非常重要。创作前期的准备工作有很多，不仅要确定视频的定位，还需要策划拍摄内容、拍摄方案等。只有提高了内容和拍摄质量，短视频的曝光量才会更高，才可能为创作者带来可观的收益。

2.1.1 前期定位

制作短视频之前先要明确视频定位，也就是要做什么类型的短视频。短视频的类型有很多，常见的有搞笑类短视频、街头采访类短视频、美食类短视频、科普类短视频等，如图2-1所示。其次需要确定视频的风格，是做简单直接型的内容，还是文艺委婉型的内容。

如果没有明确想要做的类型，不妨在前期多做几个方案进行研究，选择最适合自己的那一类，并且要确保这类内容能够持续高质量地输出，以在短期内建立起个人特色。

图2-1

2.1.2 准备内容

确定视频定位之后，就是要围绕定位填充内容。提前策划、做好准备，这样在视频拍摄时才能确保各环节工作井然有序，有效提高拍摄效率。

要制作的视频主题不同，准备的内容也不同。根据不同的拍摄主题确定不同的策划方案，明确拍摄细节，包括演员选角、服装、造型，以及拍摄需要的道具等。虽然短视频只有短短几十秒，但视频有细节，质量才会高。例如，拍摄美食类的短视频，要先确定拍摄题材，然后根据主题准备好相关的食材及工具，在拍摄时手部镜头会较多，因而挑选的演员，要求会一定的烹饪技术，最好手指修长、白皙，这样可以增加视频的美观度，从而吸引到更多的观众，同时要准备好演员的服装，并与演员沟通好整个视频的拍摄流程和细节。

2.1.3 视频拍摄

完成前两步工作之后，即可进入视频拍摄准备工作，具体需要准备拍摄设备、声音设备、灯光设备及确定拍摄场地等，下面分别进行介绍。

1. 拍摄设备

常用的拍摄设备有智能手机、单反相机、DV摄像机和专业摄像机等。日常使用手机进行拍摄即可；如果条件允许，可以使用单反相机或专业摄像机来拍摄视频，这类设备在专业程度上更胜一筹，拍摄效果也更好。

在挑选设备时，可以根据器材的功能进行选择，如清晰度、变焦功能、防抖性能、实用性、像素、手动控制功能等；也可根据拍摄题材进行选择，如街头采访类视频可以用摄像机拍摄、微型电影或情景剧可以使用单反相机拍摄、直播类内容可以选用手机拍摄等。

2. 声音设备

在拍摄视频时，声音与画面同等重要。视频拍摄时，不仅要考虑后期对声音的处理，还得做好同期声的录制工作。无论是在室内拍摄还是室外拍摄，都需要用到麦克风进行收音。在手机离人较远的情况下，靠手机自带的麦克风收音效果会非常差，还会存在噪声，这个时候就需要辅助音频设备来进行收音。

下面介绍几款拍摄短视频时常用的声音设备。

（1）线控耳机

手机配备的线控耳机是大家日常拍摄时最常用的声音设备，如图2-2所示。插入手机的耳机孔，就可以实时进行声音传输。相较于昂贵的专业音频设备，线控耳机成本低，但音质一般，不能很好地对环境声进行降噪处理。

图2-2

> ● **提 示** ●
>
> 在进行视频创作时，尽量在安静的环境下进行声音录制，麦克风不宜离嘴太近，以免爆音。必要时可以尝试在麦克风上贴上湿巾，可以有效减少噪声和爆音情况的发生。

（2）智能录音笔

智能录音笔是基于人工智能技术，集高清录音、录音转文字、同声传译、云端存储等功能为一体的智能硬件，它体积轻便，非常适合日常携带，如图2-3所示。

与数码录音笔相比，新一代智能录音笔最显著的特点是可以将录音实时转为文字，录音结束后，即时成稿并支持分享，大大减少了后期字幕的处理工作。此外，市面上大部分智能录音笔支持OTG文件互传，或是通过App控制录音、文件实时上传等，非常适用于短视频的即时处理和制作。

（3）外接麦克风

外接麦克风的特点是易携带、重量轻，与线控耳机和录音笔相比，音质和降噪效果更好。使用时，将自带的3.5mm接口的连接线与设备相连，就可以轻松拾取声音，并与画面同步，如图2-4和图2-5所示。

图2-3   图2-4   图2-5

外接麦克风的选取非常关键，麦克风质量直接影响语音识别的质量和有效作用距离，好的麦克风录音频响曲线比较平整，背景噪声低，可以在比较远的距离录入清晰的人声，并且声音还原度高。因此在选取时要多看、多比较，根据自身的拍摄情况，选取合适的外接麦克风。

（4）领夹麦克风

领夹麦克风适用于捕捉人物对白，分为有线领夹麦克风和无线领夹麦克风两种，如图2-6和图2-7所示。有线领夹麦克风适用于舞台演出、场地录制、广播电视等不需要拍摄人员和机器移动的场合；无线领夹麦克风适用于同期录音、户外采访、教学讲课、促销宣传等场合。领夹麦克风具有体积小、重量轻等特点，可以轻易地隐藏在衣领或外套下。

（5）无线麦克风

无线麦克风主要是通过接收器与发射器之间的天线接收声音信号，通常会配备独立的电源，可以进行长距离无线声音传输，如图2-8和图2-9所示。

使用时，可以接入领夹麦克风，并尽可能将麦克风靠近嘴，避免因距离较远或是调整音量而产生噪声问题。部分无线麦克风支持低切功能（可滤除低频噪声）。

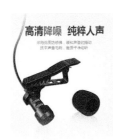
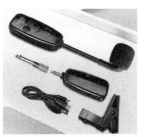

图2-6   图2-7   图2-8   图2-9

3. 灯光设备

常用的室内灯光设备有聚光灯、泛光灯、LED灯、闪光灯等。

聚光灯是使用聚光镜头或反射镜等聚成的光，发出的光线具有照度强、照幅窄的特点，如图2-10所示。

泛光灯是一种可以向四面八方均匀照射的点光源，同时也是3D效果图制作中应用最广泛的人造光源。泛光灯的照射范围是可以任意调整的，而且发出的光线具有高度漫射、无方向的特点。泛光灯所呈现的光不是清晰的光束，产生的阴影柔和透明，可以用来模拟灯泡和蜡烛，应用场景非常广泛，是照明效果较好的光源之一，如图2-11所示。

LED灯也叫冰灯或LED补光棒，外表看起来像一根棍子，一般拥有暖光和冷光两种色温的光源。这种补光棒散发的光线十分柔和，可以在夜晚拍摄时用来补光，营造出朦胧柔和的氛围，如图2-12所示。

闪光灯可以在短时间内发出很强的光线，大致可以分为内置、外置和手柄式。其中，内置闪光灯是手机和相机自带的补光功能，它无法控制光线的方向，并且会产生一定的电量消耗；外置闪光灯一般位于相机顶部，和手柄式闪光灯一样是离机闪光灯，可以控制光源方向，如图2-13所示。

除了灯具设备之外，一些辅助照明设备也很重要，如柔光板、柔光箱、反光板、滤镜、调光器、色板等。如果是在室外进行一些大场景的拍摄，可以使用反光板辅助照明，如图2-14所示。反光板一般有5面，可以做到柔光、反光和吸光效果，轻便且补光效果好，在室外可以起到辅助照明的作用，也可作为主光使用。

    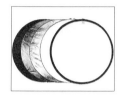

图2-10　　　　　　图2-11　　　　　　图2-12　　　　　　图2-13　　　　　　图2-14

4. 拍摄场地

拍摄场地分为室内和室外，根据拍摄题材进行选择即可。室外拍摄时尽量选择空旷、人少的草地，或者公园、海边沙滩，避免声音嘈杂的城区，减少环境噪声的干扰，如图2-15和图2-16所示，如果是做街头采访类视频，则需要选择人流量大的市中心进行取材。

图2-15

图2-16

室内拍摄可以选择与主题相符的写真馆、酒店、民宿等，也可以在摄影棚进行拍摄。如果想要节约拍摄成本，可以直接找一面白墙，或买一些纯色的布挂在墙上，再搭建好灯光设备，就可以开始拍摄了，如图2-17所示。

图2-17

2.1.4 后期剪辑

拍摄完成后，即可进入后期剪辑环节。后期剪辑是将拍摄好的视频素材进行剪辑、重组，并添加特效、背景音乐等，剪辑人员需要根据剧情将素材片段剪辑重组为完整的影片。PC端专业剪辑软件有Premiere Pro、爱剪辑、会声会影等，手机端也推出了很多功能全面、操作简单的剪辑App，如剪映。

2.1.5 发布与运营

短视频运营是指将制作完成的短视频发布到各个平台、分析视频数据并对视频进行优化，可发布的平台有抖音、西瓜视频、爱奇艺、优酷等。运营人员需要为视频拟写一个有吸引力的标题，并配上一段文案描述视频内容，然后选择视频封面，根据数据选择投放时间，这样基本上就完成了视频发布流程。

完成视频的发布之后，运营人员还需要对视频数据进行分析，对视频标题和文案进行优化，确保视频的热度和流量。

2.2 短视频制作团队的组建

拍摄一个短视频需要做的工作有很多，如策划、拍摄、表演、剪辑、包装及运营等，如图2-18所示。拍摄时需要的团队人数，由拍摄的内容决定，一些简单的短视频即使一个人也能完成创作、拍摄，如体验、测评类的视频。因此在组建团队之前，需要认真思考拍摄方向，从而确定团队需要哪些人员，并确定需要为他们分配哪些任务。例如，拍摄的短视频为生活垂直类，每周计划推出2~3集内容，每集5分钟左右，那么团队设置编导、演员、拍摄、剪辑及运营岗位（即4~5个人）就够了，然后针对这些岗位进行详细的任务分配。

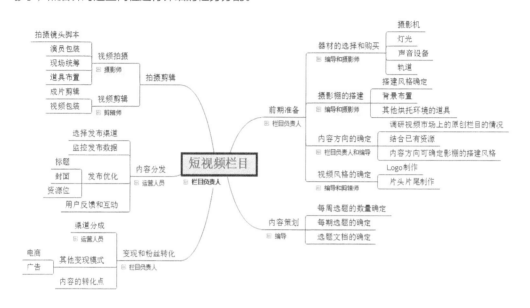

图2-18

2.2.1 编导

在一个短视频制作团队中，编导是最重要的一个岗位，相当于一个节目的导演，负责统筹整体工作。编导需要策划短视频的制作方案、撰写脚本内容、写分镜、安排工作人员等。在拍摄视频时也需要时时监督，掌握拍摄进程，在剪辑视频时需要与工作人员沟通，确定视频色调、剪辑方向等。在短视频的包装环节也有参与，包括片头、片尾的设计等。

2.2.2 摄像师

摄像师主要负责视频的拍摄工作，同时还要对摄影相关的工作，如拍摄的风格及工具等，进行把控。摄像师需要了解镜头脚本语言，懂得运用多种拍摄手法，精通拍摄技术，能够提升视频质量，还要对剪辑工作有一定的了解。

2.2.3 剪辑师

剪辑师主要负责视频的剪辑和加工工作，需要对拍摄的素材进行选择与组合以形成一个完整的视频，还要为短视频添加背景音乐、特效等，同时也要参与策划与拍摄工作，以便更好地打造视频效果。

2.2.4 运营人员

短视频除了需要精彩的内容之外，还需要运营人员进行适当的推广工作。网络越来越发达，短视频平台也越来越多，每天有大量短视频上传到各个平台，想要在这些短视频中脱颖而出，必须运用一些方法和技巧。

运营人员需要进行内容管理，分析市面上热门的视频类型，除了要在策划时提供导向性意见，还要负责处理用户反馈、策划用户活动等。在渠道选择上需要考察和研究，掌握各种渠道的推广动向，及时参加各种活动。运营人员还需要进行数据管理，收集每条视频的播放量、点赞数、评论数和转发数，分析用户的心理，发展更多受众。

2.2.5 演员

演员负责演绎整个剧本，将视频内容清晰完整地展现出来，不同的视频内容对演员的要求也会不同。测评类的短视频需要出镜人员口齿清晰、普通话标准，可以将产品的优缺点清楚地传达给观众；短剧类的视频则需要出镜人员有较强的表演能力，能够将观众带入剧情；技术类的视频内容对出镜人员的技术能力有较高要求。

2.3 短视频的内容策划

短视频成功的关键在于内容的打造，短视频脚本的策划过程就如同写一篇作文，需要具备主题思想、开头、中间及结尾，情节的设计就是丰富剧本的组成部分，也可以看成小说中的情节设置。一部成功的、吸引人的小说，必定少不了跌宕起伏的故事情节，脚本也是一样。

2.3.1 脚本策划与撰写 难点

脚本是短视频的故事线，用于连接每个视频片段。在进行脚本策划时，需要注意两点：第1点是在脚本构思阶段，就要思考什么样的情节能够满足观众的需求，好的故事情节应当是能直击观众内心、引发强烈共鸣的；第2点是要注意角色的定位，在台词的设计上要符合角色性格，并且要有爆发力和内涵。

脚本的构成要素如下。

框架搭建： 搭建短视频框架，如拍摄主题、故事线索、人物关系、场景选地等。

主题定位： 视频表达的中心思想和表达形式。

人物设置： 视频需要的工作人员及每个人负责的版块。

场景设置： 选择拍摄地点，如室内或室外、棚拍或绿幕抠像等。

故事线索： 选择叙述方式，如正序或倒叙、先抑后扬或先扬后抑等。

影调运用： 根据视频内容选用不同的影调，如忧郁伤感的内容选用蓝色冷系影调，轻松活泼的内容选用黄色暖系影调。

音乐运用： 根据视频基调选择恰当的背景音乐，及时地渲染情绪。

镜头运用： 根据视频内容运用合适的镜头。

脚本有3种类型，具体介绍如下。

1. 拍摄提纲

拍摄提纲相当于给视频搭建框架，将视频的大致流程陈列出来，为拍摄视频打下基础。当拍摄过程中有很多不确定因素时，就需要导演和摄影师根据提纲进行灵活处理，适用于纪录类和故事类短视频的拍摄。

2. 文学脚本

文学脚本是在拍摄提纲中增加更多细节内容，让脚本更加丰富。文学脚本不需要剧情引导，也不需要明确指出演员的台词，只要提出拍摄要求及将人物需要做的任务安排下去，适合一些直接展现画面和表演的短视频拍摄。

3. 分镜头脚本

分镜头脚本是目前拍摄短视频时使用较多的一种脚本形式，这种脚本的特点是细致。分镜头脚本是将短视频中的每个画面都体现出来，对镜头的要求也会描述清楚，创作起来耗时耗力，是最复杂的一种脚本。

在一份完整的分镜头脚本中，需有非常多的细节，包括镜头焦段、拍摄景别、拍摄手法、拍摄时长、演员动作、环境光线、音乐等。创建分镜头脚本时，需要创作者在脑海里构建出一幅完整的画面，还要不断地在拍摄现场实践（排练），与脚本和演员磨合，如表2-1所示。

表2-1　分镜头脚本示例

镜号	景别	拍摄方法	时间	画面	解说	音乐	备注
1	大全景	卡住图文楼全景，虚化背景，机器固定	2秒	仰拍图文楼，空镜头。暖色色调	主持人旁白："下面请欣赏电子系师生为大家带来的《那些花儿》。"		淡出
2	中景	卡住小明的中景	3秒	小明站在舞台前	舞台背景温馨和睦	静场	小明正居镜头
3	全景	镜头由小明转向第一排的系部老师们，最终卡住老师们	4秒	第一排的系部老师们。老师们对着他们做了个加油的手势	画面对称式构图	静场	

镜号	景别	拍摄方法	时间	画面	解说	音乐	备注
4	近景	卡住小明的背景，虚化背景，机器固定	3秒	小明点点头，深吸一口气，开始了手语操表演	画面渐渐淡出	《那些花儿》	切镜头，转场
5	大全景	卡住图文楼全景，虚化背景，机器固定	2秒	图文楼前，背景为图文楼，黄色回忆色调	小明的回忆	《那些花儿》	
6	中景	卡住小明的中景，前跟镜头	4秒	小明刚到学校报到，背着包拖着行李箱，还扛着学校发的床铺包	画面构图饱满，光线强光	《那些花儿》	体现小明的艰辛

2.3.2 按照大纲安排素材

创作者在撰写短视频大纲时要注意两点：一是大纲要呈现出主题、故事情节、人物与题材等短视频要素；二是大纲要清晰地展现出短视频所要传达的信息。

大纲是短视频的内容梗概，在添加素材时直接按照大纲进行填充即可，如视频需要的道具、人物造型、背景、画面风格、音乐等。

2.3.3 镜头流动 重点

镜头流动是指观众在观看视频时感受到的时间和节奏变化。短视频以镜头为基本的语言单位，而流动性是镜头的主要特性之一，除了拍摄对象的流动之外，还包括镜头自身的流动。

镜头的角度、速度、焦距、切换等都是拍摄短视频时需要重点关注的环节，如图2-19所示，这些与每一个画面的呈现都息息相关，并且镜头直面观众，所以考虑观众的需求非常重要。

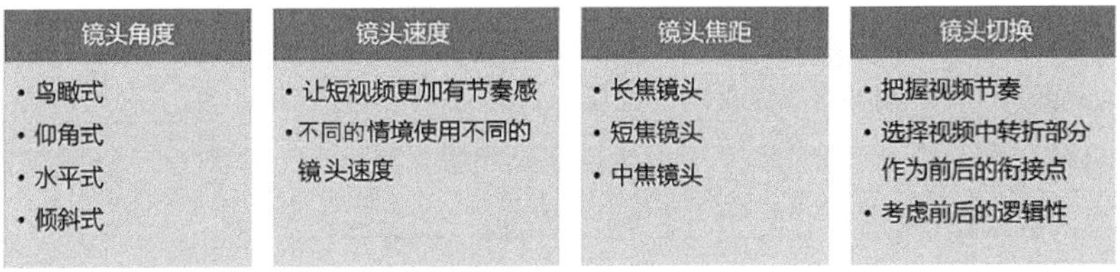

镜头角度	镜头速度	镜头焦距	镜头切换
• 鸟瞰式 • 仰角式 • 水平式 • 倾斜式	• 让短视频更加有节奏感 • 不同的情境使用不同的镜头速度	• 长焦镜头 • 短焦镜头 • 中焦镜头	• 把握视频节奏 • 选择视频中转折部分作为前后的衔接点 • 考虑前后的逻辑性

图2-19

2.4 短视频的拍摄

拍摄的基本方式可以分为推、拉、摇、移、跟、甩、升、降等，是画面受边缘框架的局限时，扩展画面视野的一种方法，可以称之为"运动摄像"或"运镜"。

本节主要介绍短视频的拍摄技巧，包括镜头语言的运用、定场镜头的使用、空镜头的使用、分镜头的使用、移动镜头的使用、灯光的使用等。

2.4.1 镜头语言的运用 难点

镜头语言包括3个方面：景别、摄像机的运动和短视频的画面处理方法。

1. 景别

根据镜头与拍摄主体的距离远近，景别可分为以下几种。

极远景： 距离十分遥远的镜头，人物非常小，常见的有航拍镜头。

远景： 深远的镜头景观，人物在画面中只占很小的位置。广义上的远景基于景距的不同，又分为大远景、远景、小远景3个层次。

大全景： 包含整个拍摄主体及周围大环境的画面，通常被用作影视作品的环境介绍，也被叫作最广的镜头。

全景： 摄取人物全身或较小场景全貌的影视画面，相当于话剧、歌舞剧场"舞台框"内的景观。在全景中可以看清人物动作及所处环境。

小全景： 比全景小很多，画面能保持相对完整。

中景： 指拍摄时取人物小腿以上部分的镜头，或用来拍摄与此相当的场景镜头，是表演类场面中常用的景别。

半身景： 俗称"半身像"，指从人物腰部到头的景致，也称为中近景。

近景： 指拍摄时取人物胸部以上的影视画面，有时也用于表现景物的某一局部。

特写： 指摄像机在很近距离内拍摄对象。通常以人体肩部以上的头像为取景参照，旨在强调人体的某个局部，或相应的物件细节、景物细节等。

大特写： 又称细部特写，指突出人物头像、身体或物体的某一局部，如人物的眉毛、眼睛等。

2. 摄像机的运动

在拍摄过程中，摄像机有很多种不同的运动方式，下面分别介绍。

推： 即推拍、推镜头，指被摄体不动，由拍摄机器做向前的运动拍摄，取景范围由大变小，分为快推、慢推、猛推等，与变焦距推拍存在本质的区别，如图2-20所示。

拉： 指被摄体不动，由拍摄机器做向后的运动拍摄，取景范围由小变大，分为慢拉、快拉、猛拉等，如图2-21所示。

图2-20   图2-21

摇：摄像机位置不动，机身依托于三脚架上的底盘做上、下、左、右、旋转等运动，使观众如同站在原地环顾、打量周围的人或事物，如图2-22所示。

图2-22

移：又称移动拍摄。从广义上说，运动拍摄的各种方式都为移动拍摄。但从通常意义上说，移动拍摄专指把摄像机安放在运载工具（如轨道或摇臂）上，然后沿水平面在移动中拍摄对象，如图2-23所示。移拍与摇拍可以结合进行摇移拍摄。

跟：指跟踪拍摄，包含跟移、跟摇、跟推、跟拉、跟升、跟降等方式。

图2-23

升：升是镜头做上升运动，同时拍摄对象，如图2-24所示。

降：降与升镜头相反，即镜头做下降运动，同时拍摄对象，如图2-24所示。

俯：俯拍，常用于宏观地展现环境、场合的整体面貌，如图2-25所示。

仰：仰拍，常带有高大、庄严的意味，如图2-26所示。

图2-24　　　　　　　　　图2-25　　　　　　　　　图2-26

甩：甩镜头，也称扫摇镜头，指从一个被摄体甩向另一个被摄体，可用于表现急剧的变化。这一镜头可作为场景变换的手段。

悬：悬空拍摄，包括空中拍摄，往往具有广阔的表现力。

空：亦称空镜头、景物镜头，指没有剧中角色（人或动物）的纯景物镜头。

切：转换镜头的统称。任何一个镜头的剪接，都是一次切。

综：指综合拍摄，又称综合镜头。通常是将推、拉、摇、移、跟、升、降、俯、仰、甩、悬、空等拍摄手法中的几种结合在一个镜头里进行拍摄。

短：短镜头，电影中指30秒以下、24帧/秒的连续画面镜头，电视剧中指30秒以下、25帧/秒的连续画面镜头。

长：长镜头，30秒以上的连续画面镜头。

变焦拍摄：摄像机不动，通过镜头焦距的变化，使远方的人或物清晰可见，或使近景从清晰到虚化。

主观拍摄：又称主观镜头，即表现剧中人物的主观视线、视觉的镜头，常有可视化描写心理的作用。

3. 短视频的画面处理方法

短视频的画面处理方法分为以下几种，下面进行介绍。

淡入： 又称渐显，指下一个镜头由完全黑暗到逐渐显露直至完全清晰。

淡出： 又称渐隐，指上一个镜头从完全清晰到逐渐暗淡直至完全隐没。

化： 又称溶，指上一个画面刚刚消失，下一个画面同时出现，完成画面内容的替换。

叠： 又称叠印，是指前后画面各自并不消失，都有部分"留存"在屏幕上。它是通过分割画面，表现人物的联系、推动情节的发展等。

划： 又称划入划出。它是以线条或用几何图形（如圆、三角、多角等形状或方式），改变画面内容的一种技巧。用圆的方式又称圈入圈出；用帘的方式又称帘入帘出，即像卷帘子一样，使镜头内容发生变化。

入画： 指角色进入拍摄机器的取景画幅中，可以由上、下、左、右等多个方向进入。

出画： 指拍摄的人或运动物体离开画面。

定格： 是指将电影胶片的某一格或电视画面的某一帧，通过技术手段，增加若干格或帧相同的胶片或画面，以达到影像处于静止状态的目的。通常，电影、电视剧画面的各段都是以定格开始的，由静变动，最后以定格结束，由动变静。

倒正画面： 以屏幕的横向中心线为轴线，经过180°的翻转，使原来的画面，由倒到正，或由正到倒。

翻转画面： 是以屏幕的竖向中心线为轴线，使画面经过180°的翻转而消失，引出下一个镜头画面。一般用于表现新与旧、喜与悲、今与昔的强烈对比。

起幅： 运用运动摄像时，在运动的起点与终点处要停留一段时间，起点处停留的时间称为起幅。

落幅： 运用运动摄像时，在运动的起点与终点处要停留一段时间，终点处停留的时间称为落幅。

闪回： 影视中表现人物内心活动的一种手法，即突然以很短暂的画面插入某一场景，用以表现人物此时此刻的心理活动或感情起伏，手法简洁明快。"闪回"的内容一般为过去出现的场景或已经发生的事情。表现人物对未来或即将发生的事情的想象和预感时称为前闪，同闪回统称为闪念。

蒙太奇： 指将一系列在不同地点、从不同距离和角度、以不同方法拍摄的镜头排列组合起来，是电影创作的主要叙述和表现手段之一。它大致可分为叙事蒙太奇和表现蒙太奇两种。前者主要以展现事件为宗旨，一般的平行剪接、交叉剪接（又称为平行蒙太奇、交叉蒙太奇）都属于此类。表现蒙太奇则是为加强视频的艺术表现与情绪感染力，通过不相关镜头的相连或内容上的相互对照而使视频产生原本不具有的新内涵。

剪辑： 影视制作工序之一，也指承担这一工作的专职人员。在影片、电视片拍摄完成后，依照剧情发展和结构要求，将各个镜头的画面和声带，经过选择、整理和修剪，然后按照蒙太奇原理，应用艺术效果，按一定顺序剪接起来，成为一部内容完整、有艺术感染力的影视作品。剪辑是影视声像素材的分解和重组工作，也是摄制过程中的二次创作。

2.4.2 定场镜头的使用

定场镜头是用于影片的开始或一场戏的开头，来明确交代地点的镜头，通常以视野宽阔的远景形式呈现。定场镜头常用作电影中新场景的转场，用远景镜头拍摄一个城市或建筑的大全景，给观众一个位置感，让观众对环境有所了解，如图2-27所示。定场镜头有4种拍摄手法，下面进行介绍。

图2-27

1. 常规拍摄

从全景切换到近景，如从街道拍摄切入到老城区的一条巷子，如图2-28所示，在拍摄时需要注意镜头运动的方式，结合推镜头、移镜头等动作一起拍摄，效果会更好。

图2-28

2. 结合情节

开展故事情节，如主角正在走路，从背影看感觉她非常着急，不知道是遇到了什么事。利用人物肢体语言，让观众产生好奇心理，可以将观众快速带入故事情节中，如图2-29所示。

图2-29

3. 建立地理概念

运用定场镜头可以传达给观众主角的位置信息，如图2-30所示，也可以传达给观众视频中人物之间存在的联系，避免观众因为混淆地理位置而在故事情节上分心。

图2-30

4. 确定时间

在同一地点拍摄定场镜头，但拍摄时间不同，可以拍摄晚上主角路过巷子的过程，体现时间的流逝，让观众感受到时间的变化。

2.4.3 空镜头的使用

空镜头又称景物镜头，指影片中做自然景物或场面描写而不出现人物（主要指与剧情有关的人物）的镜头，如图2-31所示。常用以介绍环境背景、交代时间空间、抒发人物情绪、推进故事情节、表达作者态度等，具有说明、暗示、象征、隐喻等功能。在短视频中，空镜头能够产生借物喻情、见景生情、情景交融、渲染意境、烘托气氛、引起联想等艺术效果，在情节的时空转换和调节影片节奏方面也有独特的作用。

图2-31

空镜头有写景与写物之分，写景空镜头为风景镜头，往往用全景或远景表现，以景做主、物为陪衬，如群山、山村、田野、天空等；写物空镜头又称"细节描写"，一般采用近景或特写，以物为主、景为陪衬，如飞驰而过的火车、行驶的汽车等。如今空镜头已不单纯用来描写景物，已成为影片创作者将抒情手法与叙事手法相结合，来加强影片艺术表现力的重要手段。

空镜头也有定场的作用，如发生在山林里的一个故事，开篇展示山林全景，雾气围绕着小村村，表现出神秘的意境，如图2-32所示。

图2-32

2.4.4 分镜头的使用

分镜头可以理解为短视频中的一小段镜头，电影就是由若干个分镜头剪辑而成的。它的作用是用不同的机位呈现不同角度的画面，带给观众不一样的视觉感受，使其更快地理解视频想要表达的主题。

使用分镜头时需与脚本结合，如拍摄一段旅游视频，可以通过"地点+人物+事件"的分镜头方式展现整个内容，如图2-33至图2-35所示。第1个镜头介绍地理位置，拍摄一段环境或景点视频；第2个镜头拍摄一段人物介绍视频，人物可以通过镜头向观众打招呼，告诉观众你是谁；第3个镜头可以拍摄人物的活动，如吃饭或在海边畅玩的画面。

图2-33　　　　　　　　　　图2-34　　　　　　　　　　图2-35

2.4.5 移动镜头的使用

动静结合的拍摄，即"动态画面静着拍，静态画面动着拍"。在拍摄正在运动的人或物时，镜头可以保持静止，如路上的行人、车辆等，如图2-36所示。这类镜头的画面属于动态画面，如果镜头也运动起来，画面将会变得混乱，找不到拍摄的主体。

图2-36

当拍摄静止的画面时，镜头也一起静止会显得画面有些单调。在拍摄时可以使用滑轨从左至右缓慢移动镜头，或上下移动镜头，如图2-37至图2-39所示。移动时需要保持平稳，避免拍摄时的画面抖动。

图2-37　　　　　　　　　　图2-38　　　　　　　　　　图2-39

2.4.6 灯光的使用 难点

在室内拍摄时需要用到灯光，因此各位创作者需要掌握灯光的使用方法，了解光度、光位、光质、光型、光比和光色等要素的含义。

1. 光度

光度是光源发光强度和光线在物体表面的照度，以及物体表面所呈现的亮度的总称，光源发光强度和照射距离影响照度，照度大小和物体表面色泽影响亮度。在摄影摄像中，光度与曝光直接相关，掌握光度与准确曝光的基本功，才能主动地控制被摄物体的影调、色彩及反差效果。

2. 光位

光位指光源的位置，即光线的方向角度。光位分为正面光、侧面光、前侧光、后侧光、逆光、顶光、脚光等。

3. 光质

光质是指拍摄所用光线的软硬性质，可分为硬质光和软质光。

硬质光即强烈的直射光，如晴天的阳光、人工灯中的聚光灯的灯光等。硬质光照射下的被摄物表面的物理特性表现为：受光面、背光面及投影非常鲜明，明暗反差较大，对比效果明显，有助于表现受光面的细节及质感，可产生有力度、鲜活等视角艺术效果。

软质光是一种漫散射性质的光，它没有明确的方向性，在被摄物上不会留下明显的阴影，如大雾中的阳光、泛光灯光源等。软质光的特点是光线柔和，强度均匀，形成的影像反差较小，主体感和质感较弱。

4. 光型

光型指各种光线在拍摄时的作用，一般分为主光、辅光、修饰光、轮廓光、背景光和模拟光等。

主光： 又称塑形光，指用来显示景物、表现质感、塑造形象的主要照明光。

辅光： 又称补光，可用来提高由主光产生的阴影部位的亮度，揭示阴影细节，减小影像反差。

修饰光： 又称装饰光，指为被摄物局部添加的强化塑形光线，如发光、眼神光、工艺首饰的耀斑光等。

轮廓光： 指勾画被摄物轮廓的光线，逆光、侧逆光通常都被用作轮廓光。

背景光： 灯光位于被摄物后方，朝背景照射的光线，可用来突出主体或美化画面。

模拟光： 又称为效果光，是用来模拟某种现场光线效果而添加的辅助光。

5. 光比

光比是摄影摄像中非常重要的要素之一，指照明环境下被摄物暗面与亮面的受光比例。光比对画面的反差控制有着重要意义，光比大则反差大，有利于表现硬的效果；光比小则反差小，有利于表现弱的效果。

6. 光色

光色指光源的颜色，也指数种光源综合形成的被摄环境的光色成分。在摄影摄像领域，常把某一环境下光色成分的变化，用色温表示。光色决定画面的色调倾向，对表现主题帮助较大，如红色表示热烈、黄色表示高贵、白色表示纯洁等。

2.5 短视频的剪辑与包装

在后期剪辑中，需要注意素材之间的关联性，如镜头运动的关联、场景之间的关联、逻辑的关联及时间的关联等。剪辑素材时，要做到细致、有新意，使素材之间衔接自然又不缺乏趣味性。在对短视频进行剪辑包装时，不仅要保证素材之间有较强的关联性，还要有其他方面的点缀。

2.5.1 利用与整合素材

在短视频制作中，素材的合理利用可以提高工作效率，降低制作成本。短视频后期制作阶段，需要添加音乐素材、模板素材、滤镜素材等，在使用这些素材时，需要注意版权方面的问题，避免因侵权等造成不必要的麻烦。

2.5.2 突出核心和重点 难点

视频剪辑是对拍摄完成的视频素材进行剪辑处理，结合脚本策划，创作出一个全新的视频。在剪辑过程中，剪辑师需要对剧本有深刻的理解，通过对每个分镜头的组合，使整个视频故事结构严谨、情节流畅、节奏自然，达到深化主题、突出人物的目的。

2.5.3 背景音乐与视频画面相呼应 重点

音乐可以充分调动观众的听觉神经，画面和音乐二者结合，会让剧情更深入人心。也可以用来揭示人物内心活动，表达其内心情感、烘托整体气氛。音乐的启承、转场，可以更好地表现视频的故事情节。

背景音乐分为片头曲、片尾曲和插曲，对推动情节和揭示情感有着至关重要的作用。音乐可以说是影视作品中必不可少的内容，一部好的电影必然需要合适的音乐去渲染气氛。在看电影时，当人物出现内心凄惨的情况时，总会响起比较悲伤的背景音乐，这时的背景音乐就能很好地渲染环境气氛。

2.5.4 镜头的剪辑手法 重点

镜头的剪辑手法有4种，分别是分剪、挖剪、拼剪和变格剪辑，下面分别进行介绍。

1. 分剪

分剪是将一个镜头切分为两个或两个以上的镜头使用，这一剪辑手法可以强调某一画面特有的象征性含义，以发人深思，也可以使视频首尾呼应，在艺术结构上给人一种严谨而完整的感觉。

2. 挖剪

挖剪是指将一个镜头中多余的部分去除，这种剪辑方式可以加快视频的节奏。使用这种方法剪辑时，需要注意视频内容的连贯性，不要让观众产生内容缺失的感觉。

3. 拼剪

拼剪就是将一个镜头重复拼接，是在镜头画面时间不够长或者补拍困难的情况下运用的一种剪辑技巧，拼剪可以延长视频时间。

4. 变格剪辑

变格剪辑是指剪辑者因剧情需要，在组接画面素材的过程中对动作、时间、空间所做的超乎常规的变格处理，造成对戏剧动作的强调、夸张，以及时间和空间的放大或缩小。变格剪辑是渲染情绪和气氛的重要手段，可以直接影响影片的节奏。

2.5.5 使用转场特效

转场特效可以用在视频的开头或结尾，以体现片段的开始或结束，起到承接的作用。在使用转场特效时，应与视频内容相结合，做到切换自然，切换画面时切忌滥用转场特效，以免影响观众的感受，打乱故事的节奏。

2.5.6 片头和片尾体现变化

视频的片头即视频的开场序幕，片尾即视频的尾声，这两个环节是视频的重要部分，缺一不可。

片头可以将观众带入氛围，并为后面的剧情埋下伏笔，代表正式内容的开始，相当于给观众一个信号；片尾部分将讲述故事的结局，回应片头，引发观众深思，点明视频主题，并且展示视频结束信号。

2.6 短视频的发布

短视频的上传和发布渠道众多，操作也比较简单。用手机拍摄的视频，上传和发布更加便捷。如果希望自己创作的内容被更多人发现、欣赏，就要在渠道上多下功夫。

2.6.1 选择发布渠道 重点

在编辑好视频后，如果想让更多的人看到你的作品，就需要分享到各个平台。大众熟知的社交分享平台有微信、新浪微博和QQ空间等，短视频平台有抖音、快手、微视、美拍等。除此之外，也可以分享到各个在线视频平台。

本节介绍4个在线视频平台，合理而有效地利用这些平台，可以增加视频的播放量，也可以为创作者带来一定的收益。

1. 哔哩哔哩弹幕网

哔哩哔哩（bilibili）弹幕网是一个年轻人喜欢聚集的潮流文化娱乐社区，也是网络热词的发源地之一，被亲切地称为B站（下文统称为B站）。哔哩哔哩弹幕网有日常分享、游戏解说、电影电视、美妆时尚、科技数码和教学等各种内容分区，用户以年轻人为主，是一个年轻、活跃的在线视频平台，图2-40所示为B站官网首页。

对于B站的创作者（又称UP主）而言，他们的主要收益来自粉丝的打赏，粉丝资源对于B站平台的作用是至关重要的，是创作者内容变现的重要支撑。图2-41所示为B站打赏页面，通常采用"投币"的方式进行赞助打赏。

图2-40 图2-41

B站推出了众多内部计划，同时不定时推出各种征稿活动，以鼓励创作者积极进行创作投稿，如图2-42和图2-43所示。

图2-42 图2-43

下面介绍创作者在B站上传视频后的4种收益来源。

（1）创作激励计划

创作激励计划是B站对UP主创作的自制稿件进行综合评估并提供相应收益的系列计划，适用于视频、专栏稿件和背景音乐（BGM）素材，图2-44所示为创作激励计划申请界面。

UP主符合以下条件，才能申请加入创作激励计划。

图2-44

◆ 视频类UP主的粉丝量达到1000，或视频累计播放量超过10万。

◆ UP主需要先成功加入创作激励计划，加入后投递的稿件享受激励收益。

◆ 稿件必须是原创作品，且不属于商业推广稿件。

◆ 稿件在B站上的发布时间（以稿件审核通过并上线的时间为准）不得晚于其他平台。

◆ 番剧区、广告区、放映厅（包含纪录片、电影、电视剧）的视频稿件暂时不享受创作激励计划收益。

（2）充电计划

充电计划是B站为维护健康的UP主生态圈而推出的实验性举措，通过在B站提供在线打赏功能，鼓励用户为自己喜爱的UP主充电。该计划有以下4个出发点。

◆ 不影响任何视频的观看和弹幕体验。

◆ 完全自愿，没有强制性。

◆ 鼓励自制、非商业内容，提高UP主的原创积极性。

◆ 保持UP主独立性，一定程度上解决UP主的经济来源问题。

充电计划所获得的收益主要是通过电池来计算的。电池是用户对参与充电计划的UP主进行资助的结算道具，如图2-45所示。UP主在获得粉丝资助的电池后，B站扣除一定支付成本及渠道服务费后对UP主予以结算。

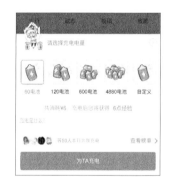

图2-45

（3）悬赏计划

悬赏计划是UP主除商单以外的一种新的变现方式，即通过帮助UP主在视频下方挂广告来获取收益的官方商业计划。目前，悬赏计划包含广告类和商品类这两类任务，UP主在悬赏计划中可自主选择广告关联在本人视频下方，B站将根据UP主选择的广告曝光或商品销量为其发放收益。

（4）广告

UP主除了可以通过B站推出的悬赏计划接收广告外，还可以自行接收广告，即UP主在视频中进行广告植入。这对UP主的粉丝数和曝光度有一定的要求。当UP主具有一定数量的粉丝，以及视频达到了一定播放量，具备充足的人气时，就会有广告商联系UP主进行商业合作咨询。

2. 大鱼号

大鱼号是阿里文娱体系为内容创作者提供的统一账号，为内容消费者提供"一点接入，多点分发，多重收益"的整合服务。大鱼号的优势在于其打通了多个平台，用户只需要在大鱼号里创作内容，就能够完成在UC、土豆、优酷、淘系客户端等多个平台的分发，图2-46所示为大鱼号网站的登录页面。

图2-46

大鱼号的收益获取方式有以下3种。

广告分成：获取广告分成需要用户大鱼号账号达到5星以上，并已开通原创保护功能，同时阅读量达到相应标准。

流量分成：获取流量分成的要求比较低，大鱼号账号达到5星即可。

大鱼奖金：报名争取奖金的门槛较高，并且需要满足较多的条件，其中有些条件是必须要满足的，有些则是满足其中一项即可。

3. 腾讯视频

腾讯视频平台为用户提供了较为丰富的内容和良好的使用体验，该平台内容包罗万象，包括热门影视、体育赛事、新闻时事、综艺娱乐等，图2-47所示为腾讯视频首页。

图2-47

创作者将短视频发布到腾讯视频平台的主要收益来源是平台的分成。腾讯视频平台的收益分成不是所有的视频创作者都能获取的，需要视频符合具体内容领域。想要获取腾讯视频平台的分成，需要满足以下3点要求。

- ◆ 在平台发布的视频必须是原创的。
- ◆ 视频的总播放量达到10万。
- ◆ 用户在平台推出至少5个原创视频。

4. 搜狐视频

搜狐视频是一个在线视频分享平台，该平台内容包括高清电影、电视剧、综艺节目和纪录片等，同时平台还提供视频的存储空间和视频分享等贴心服务，图2-48所示为搜狐视频的官网首页。

图2-48

创作者在搜狐视频上的收益来源主要有平台分成、边看边买、分享盈利及赞助打赏等。

平台分成：很多平台都具备这一收益来源，搜狐视频与其他平台不同的地方在于它的要求十分简单，只要是原创的视频或者是被授予了版权的视频都可以加入搜狐视频自媒体。

边看边买：这一收益其实是平台的广告收益，具体可以分两种情况，第1种是平台给予内容创作者的广告收益，也就是渠道广告的收益，第2种是观众观看视频中的广告，点击进入商品链接产生购买时会给创作者一定回报。

分享盈利：一般的在线视频平台都会提供分享的功能，搜狐视频也不例外。通过分享视频到站外的其他渠道，如QQ、微信、新浪微博等社交媒体，吸引用户来搜狐视频平台观看视频，从而提升平台视频播放量。分享盈利需要满足的条件很简单，只要是搜狐视频平台内参与分成的视频，都可以通过分享的方式赚取收益。

赞助打赏：这是搜狐视频平台自媒体的主要收益来源，同时也是自媒体视频创作者与观众进行互动的常用方式。一般而言，只要是参与平台分成的视频都可以得到观众的赞助打赏，观众如果对视频内容感兴趣，就可以通过扫描二维码的方式对视频进行打赏。

2.6.2 进行数据监控 重点

完成短视频发布后，运营人员需对视频的数据进行监控，以更好地运营视频。

运营人员需要在后台记录视频数据，如短视频的播放数、点赞数、评论数、涨粉数等，然后分析数据，可使用可视化分析、数据挖掘算法、预测性分析等分析方法，研究观众的喜好，并建立效果评估模型，然后优化短视频，在制作下一个短视频时能够提出有效的建议，以吸引更多观众的关注。

2.6.3 渠道发布优化

各个渠道的用户群体不一样，浏览量最高的时间段不同，其用户感兴趣的话题也不一样。运营人员需要了解每个平台参与量最多的话题，在发布视频时加上话题，当用户搜索话题时就能够搜索到这个视频，从而增加播放量。运营人员还要注意发布视频的时间段，如下午六点之后是下班高峰期，大部分人在回家的路上会拿出手机，这个时候发布视频往往会有很高的播放量。

在视频发布之后，运营人员要及时掌握最近的热门话题，及时优化视频标题，使其更容易被搜索到。此外，视频封面、文案及话题也需要及时更新，以便保持视频热度。

2.7 本章小结

本章主要介绍了短视频的制作流程，对短视频制作的前期准备，制作团队的组建，以及短视频的内容策划、拍摄、剪辑、包装及发布等进行了详细讲解，旨在帮助读者了解短视频的创作及运营技巧。

第 3 章

短视频的拍摄

拍摄是短视频创作的重要环节，创作者不仅需要掌握一定的拍摄技巧，还要灵活地选用拍摄设备及辅助工具。合适的拍摄工具能够使视频呈现出更加完美的画面，所以在拍摄前，选择合适的设备非常重要。本章介绍比较热门的拍摄设备，希望对想要购买或即将购买拍摄器材的读者有所帮助。

教学目标

认识常用的拍摄设备

学会设置视频分辨率

了解画幅及其适用的拍摄场景

3.1 设备的选择

想要拍出一个好的视频作品，除了拍摄设备之外，还要借助很多辅助工具。本节为读者介绍一些在拍摄中需要经常用到设备及辅助工具。

3.1.1 智能手机

智能手机的拍摄功能越来越强大，很多人认为只有贵的手机才能拍摄出好的照片或视频，其实不然，使用手机拍摄就是因为它小巧便携，如果追求高像素可以购买专业的相机。

现在手机广告十分注重突出手机的拍摄功能，如vivo品牌的广告词"vivo柔光自拍，照亮你的美"，又如小米手机的广告词"小米6，拍人更美"等。市面上智能手机的品牌和系列非常多，不同的手机拍出来的效果不一样，有的手机主打夜间拍摄，有的则在拍人像时占有较大优势，读者根据自身拍摄内容的需要灵活选择手机即可，如图3-1所示。

图3-1

3.1.2 相机

相机分为单反相机和微单相机。单反相机的主打功能是拍摄照片，在拍视频方面有所欠缺，而微单相机在拍视频方面比单反相机有优势，其对焦功能、追焦功能和对焦范围等更优质，在高帧率和4K上也有更高的规格，并且整体机身相较于单反相机更为轻便，现在许多Vlog（视频博客博主）都趋向于选择微单相机拍摄视频。

下面介绍3款录像功能比较完善的相机设备，读者可以根据需求合理选购。

1. 索尼A6XXX系列

索尼A6400属于中端机器，如图3-2所示，其拥有0.02s的自动对焦速度，425个相位检测自动对焦点及425个对比度检测自动对焦点，覆盖约84%的取景区域。新增"实时眼部对焦（实时眼部AF）"和"实时追踪"功能，支持AE/AF追踪的每秒11张高速连拍，约2420万像素。

图3-2

与A6400相比，A6600增加了机身的五轴防抖功能，同时在拍摄时可以调整视频的色彩和层次，减少了后期调色环节的零散校色工作。A6600可以无限时长录制，并带有耳机、麦克风双接口，续航时间更长，并且该设备有追焦功能，拍摄的画面更有细节，如图3-3所示。

2. 松下GH5

GH系列是松下的旗舰机，从GH1开始，松下GH系列就是"相机形态的摄像机"。GH5的专业性能实现了多次优化，不仅可以拍摄4：2：2 10bit ALL-Intra视频，还支持4K HDR视频和高分辨率变形模式，如图3-4所示。

图3-3

作为视频拍摄设备，使用相机拍摄时经常需要搭配一些辅助工具，整套拍摄装备比较重，难以长时间承受，GH5的机身相较于一般设备比较轻便。GH5机身具备五轴防抖功能，即使手持机器，也能拥有较好的稳定性。

3. 富士X-T3和X-T4

富士的X-T3和X-T4这两款微单相机性能也很好，如图3-5和图3-6所示。在APS-C画幅领域，X-T3相机已经达到了顶级，它的自动对焦功能在拍照方面完全够用，但是在视频追焦方面不如索尼相机，机身也不具备防抖功能。

图3-4

与X-T3相机相比，X-T4相机在防抖性能上有所提升，拥有更强的自动对焦功能，增加了连拍功能、升格能力及新的胶片滤镜，可以获得更高的视频画质，电池续航时间也增加了50%。

图3-5    图3-6

3.1.3 摄像机

用单反相机拍摄视频，需要考虑录音、供电、镜头等一系列问题，在性能上摄像机比单反相机要专业许多。

常见的摄像机有两种，一种是家庭用的DV摄像机，价格比较便宜，机身小巧且使用方便，如图3-7所示；另一种是专业摄像机，多用于拍摄节目、电影和电视剧，这种摄像机专业性强，使用人群一般是职业拍摄人员，如图3-8所示。

不建议新手购买专业摄像机，因为其价格较高，机身笨重，且使用起来相对复杂。

图3-7　　　　　　　　　　图3-8

3.1.4 麦克风 重点

想在拍摄视频时收录高质量的声音效果，最好配备一个外置麦克风。无论是在室内拍摄还是在室外拍摄，都需要用到麦克风设备进行收音，因为在拍摄设备与被摄物有一定距离的情况下，仅靠相机自带的麦克风收音，效果会非常差，还会夹带噪声。关于麦克风的类型及选取方法请参阅2.1.3小节。

3.1.5 防抖手持云台 重点

在拍摄时，最重要的是保持稳定，稳定性是视频在观看体验上最容易区分专业和业余的地方。很多新手在开始学习视频拍摄时，会觉得自己的作品与其他创作者拍摄的内容观感反差很大，这很大一部分原因就是新手拍摄的视频画面抖动很大。

如果视频画面抖动较大，观众在观看时就容易产生眩晕感。虽然现在很多智能手机都希望通过五轴防抖、电子防抖、OIS光学防抖等技术来提高手机的防抖性能，但不管是哪一种技术，都不如手机云台的防抖能力。作为一款辅助稳定设备，云台通过陀螺仪来检测设备抖动，并用3个电机来抵消抖动。图3-9所示为防抖三轴手机云台。

使用三轴手机云台可以很好地过滤掉运动产生的细微颤簸和抖动，确保画面的流畅和稳定。同时握持方便，可以适应多种场景的拍摄需求。大部分拍摄视频的人，都会购买一款手机云台。

图3-9

想要把视频拍得更专业，被更多的人喜欢和接受，需要准备一部手持云台。下面以智云 SMOOTH 4云台为例，介绍手机与云台的连接和使用方法。各个品牌型号的云台连接与使用方法基本类似，具体可以查阅对应的说明书或询问客服。

◁ 01 下载对应的 App。大多数云台都配备了独立的拍摄应用，云台的大部分拍摄功能需要通过安装相应软件来实现，如智云 SMOOTH 4 云台就需在应用商店下载安装 ZY PLAY App，如图 3-10 所示。

◁ 02 完成安装并调整平衡后，长按云台电源按钮开启设备。激活设备后，开启手机蓝牙，并打开 ZY PLAY App，在 App 的主界面中点击"立即连接"按钮，如图 3-11 所示。

图3-10   图3-11

◁ 03 待蓝牙搜索到云台设备后，点击设备名称后的"连接"按钮，如图 3-12 所示。连接成功后，界面将出现提示信息，点击"立即进入"按钮，如图 3-13 所示，即可进入拍摄界面。

图3-12   图3-13

◁ ⬙ 进入拍摄界面，如图 3-14 所示，通过按键操控或触屏操控，使用智云 SMOOTH 4 云台的各种拍摄功能进行拍摄。

图3-14

3.1.6 无人机

无人机是专门针对航拍的拍摄工具，如图3-15所示。无人机在许多综艺节目中都出现过，随着经济水平的提升，无人机用户越来越多，它不再是专业团队才能使用的拍摄工具，普通的爱好者也可以用它来拍摄高山和大海。

图3-15

无人机有小型轻便、低噪节能、高效机动、影像清晰、智能化等特点，用它拍出来的画面非常辽阔，如图3-16所示。

图3-16

无人机在拍摄过程中很容易受到路障干扰，造成器材损坏，在购买无人机时可以考虑购买设备险，这样在设备出现损坏情况时，能降低一定的损失。很多新手在第一次使用无人机时出现各种操作误区，导致不能起飞甚至机器损坏，因此在使用无人机前花几分钟仔细了解无人机的各个按键用途及紧急情况处理是非常有必要的。在试飞前，需要找一个空旷的场地，避开树木、人群和高楼，防止无人机对他人造成伤害。目前，很多地区开始设立禁飞区，在禁飞区，无人机不被允许起飞，在使用无人机时务必注意这一点。

3.1.7 自拍杆 重点

在进行自拍类视频的拍摄时，由于人的手臂长度有限，因此拍摄范围也受到了一定限制。如果想进行全身拍摄，或者想让身边的人都进入镜头，就要用到一种常见的拍摄辅助工具——自拍杆。

自拍杆的安装比较简单，将手机安装在自拍杆的支架上，并调整支架下方的旋钮固定住手机即可。支架上的夹垫通常会采用软性材料，牢固且不伤手机，如图3-17所示。自拍杆分成手持式和支架式两种，手持式最常见，支架式更专业。

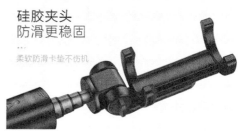

图3-17

1. 手持式自拍杆

手持式自拍杆一般分为两种，线控自拍杆和蓝牙连接自拍杆，如图3-18和图3-19所示。线控自拍杆在拍摄视频前需将自拍杆上的插头插入手机的3.5mm耳机插孔，连接成功后即可对手机进行遥控操作，无须进行其他设置。

图3-18   图3-19

　　针对没有设置3.5mm耳机孔的智能手机，可以使用蓝牙连接自拍杆，免去了烦琐的连接线，在连接时，打开手机蓝牙搜索蓝牙设备，自拍杆就会自动与手机进行配对连接。

2. 支架式自拍杆

　　支架式自拍杆摒弃了手持方式，只能通过蓝牙遥控器进行操控，如图3-20所示。相较于手持式自拍杆，支架式自拍杆最大的优势在于它可以解放拍摄者的双手，稳定性更强，能保证拍摄出来的镜头画面更加平稳。手持式自拍杆不能离拍摄者太远，而支架式自拍杆可完全作为第三方进行拍摄，只要在蓝牙覆盖的范围内，就可以进行一定距离的视频自拍，这给了被摄物更多的活动空间，如图3-21所示。

图3-20   图3-21

将手机固定在自拍杆上端，即可上下调整角度，进行俯拍、侧拍、45°角拍摄等。在拍摄前，需要通过蓝牙连接手机与自拍杆，在开始拍摄时，按动手中的蓝牙快门即可进行拍摄。下面讲解蓝牙连接小米自拍杆和iPhone手机的方法。

◁ 01 长按蓝牙自拍杆遥控器上方的拍照键■2秒，待指示灯亮后释放，此时自拍杆为开启状态，如图3-22所示。

◁ 02 开启状态下，继续按住拍照键■1秒以上，待指示灯呈闪烁状态，表示自拍杆已进入配对状态，这时在手机的蓝牙连接界面中打开"蓝牙"开关，如图3-23所示。

图3-22　　　　　　　　　　　图3-23

◁ 03 此时自拍杆和手机的蓝牙均已处于可配对状态，手机将自动搜索周围的蓝牙设备。等待片刻，在手机的蓝牙连接界面会搜索到自拍杆对应的蓝牙（小米自拍杆的默认蓝牙名称为XMZPG），如图3-24所示。

◁ 04 点击自拍杆对应的蓝牙名称，连接蓝牙设备，当自拍杆上的按键灯长亮时，表示已与手机配对成功，手机的蓝牙连接界面也会显示蓝牙已连接，如图3-25所示。

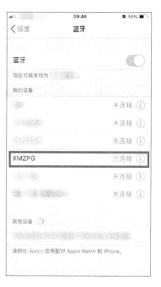

图3-24　　　　　　　　　　　图3-25

◁ 05 完成上述操作后，就可以使用蓝牙自拍杆进行拍摄了。用户可以选择手持拍摄或支架拍摄，如图3-26和图3-27所示。

图3-26　　　　　　　　　　　　　　　图3-27

◁ 06 在自拍杆开机及休眠状态下，长按蓝牙自拍杆遥控器上方的拍照键■ 3秒，待指示灯熄灭，即可断开自拍杆的连接状态。

3.1.8 三脚架 重点

三脚架是用来稳定照相机或手机的一种支撑架，如图3-28所示。在延时拍摄车轨、水流和星轨等作品时，常常需要等待很长时间，还要一直保持稳定，这时就要用到三脚架，三脚架可以使镜头更加稳定，拍摄的画面可以达到更理想的效果。

图3-28

市面上的手机三脚架有许多不同的形态，体积更小，更便于随身携带、随时使用。在常规的便携支架和三脚架的基础上，衍生出了一些创意"神器"，如"壁虎"支架。这类支架除继承了普通支架的稳定性之外，其特殊的材质还能随意变化形态，可以攀附固定在诸如汽车后视镜、户外栏杆等狭小的区域上，如图3-29和图3-30所示，从而获得出乎意料的镜头视角。

图3-29　　　　　　　　　　　　　　　图3-30

除了上述手机支架外，还有一些相机三脚架支撑云台、水平仪等，可以满足众多场景和镜头的拍摄需求，如图3-31所示。相机三脚架的功能更全，拍摄质量更高，价格相对也更高。

图3-31

3.1.9 手机外接镜头

在了解外接镜头之前，需要认识焦段的种类，焦段与照相机成像有密不可分的关系，很多摄影师有各种各样的镜头，这是因为不同的焦段拍摄出的照片效果是不一样的。50mm标准镜头的视野和透视感最接近人眼，几乎不变形，适合拍摄人像、生活写真、纪实摄影等；85mm人像镜头适合拍摄人物的七分身、半身、大头照等，如图3-32所示。

50mm 标准镜头

85mm 人像镜头

图3-32

大部分智能手机的焦段在28~32mm，如果想要拍摄一些独特视角，就需要使用外接镜头。外接镜头分为广角、微距、鱼眼这3种，可以单独购买也可以搭配组合购买，如图3-33所示。

不管是单摄像头还是双摄、三摄，大部分手机都支持安装外接镜头，将外接镜头对准手机主摄像头之后用夹子夹好即可进行拍摄。

图3-33

不同外接镜头拍摄出来的画面不同，如图3-34所示，大家根据实际需求选购相应镜头即可。

| 鱼眼效果 | 微距效果 | 广角效果 |

图3-34

3.1.10 滑轨和摇臂

想要拍出稳定、无顿挫感的平移镜头，可以加装滑轨进行拍摄。图3-35所示为手机滑轨，该滑轨重量较轻，体积较小；图3-36所示为相机滑轨，该滑轨比手机滑轨大，价格高。

图3-35　　　　　　　　　　　　　　图3-36

加装滑轨进行拍摄的优势有以下3点。

◆ 滑轨一般用铝合金材质制成，稳定性和承重能力有保障，并且可接相机三脚架、旋转云台，可以满足不同角度和高度的拍摄需求。

◆ 使用滑轨拍摄不卡顿，拍摄的镜头顺畅，通过调节阻尼可有效减少拍摄时的噪声。

◆ 部分电动滑轨支持App操控，可以有效地避免手推造成的失误，大大提高拍摄效率。

摇臂是拍摄电视剧、电影等大型影视作品时用到的一种器材，在拍摄时能够全方位地拍摄场景，不错过任何一个角落。在拍摄时常配合三脚架使用，三脚架的功能是固定机位、调节水平及方便摄影师推拉摇移等，摇臂在三脚架的这些功能上增加了升降功能，且镜头在摇的时候角度更大，可以拍出更加宏伟、大气的画面，如图3-37所示。

图3-37

3.2 分辨率的设置

拍摄一段视频，保证画质是基本的要求，成像质量由手机摄像头的像素及拍摄参数的设置决定。在拍摄时可以调整手机的分辨率、画质等级、亮度、格式等参数，尽量选择较高的分辨率、较好的画质和易于编辑的格式，以确保得到较佳的视频效果。

3.2.1 480P标清分辨率

480P标清分辨率是视频中最为基础的分辨率。480表示的是垂直分辨率，简单来说就是垂直方向上有480条水平扫描线；P（Progressive Scan）表示逐行扫描。480P分辨率的视频不管是拍摄时，还是观看时，都比较流畅且清晰度一般，占据手机内存也较小。480P分辨率的视频在播放时对网速的要求不高，即使在网速较慢的情况下，也基本上能正常播放。

3.2.2 720P高清分辨率

720P高清分辨率的完整表达式为HD 720P，常见分辨率为1280×720，使用该分辨率拍摄出来的视频具备立体声效果。这一点是480P无法做到的，如果视频拍摄者对声音要求较高，采取720P高清分辨率进行拍摄是一个不错的选择。

3.2.3 1080P全高清分辨率 💬重点

1080P全高清分辨率在众多智能手机中表示为FHD 1080P，FHD（Full High Definition），意为全高清。它比720P所能显示的画面清晰程度更高，对手机内存和网络速度的要求更高。它延续了720P所具有的立体声功能，画面效果更佳，分辨率能达到1920×1080，在展示视频细节方面，有着相当大的优势。

3.2.4 4K超高清分辨率 💬重点

4K超高清分辨率在部分手机中表示为UHD 4K，UHD（Ultra High Definition），是FHD 1080P的升级版，分辨率达到了3840×2160，是1080P的数倍。采用4K超高清分辨率拍摄出来的手机视频，在画面清晰度和声音展示上，都有十分强大的表现力。

需要注意的是，分辨率越高，拍摄出来的视频质量就越好，占用的内存也会越大。以主流的1080P全高清视频为例，拍摄一个1分钟的短视频所需的空间最少要100M，拍摄2K或者4K视频所需的空间更大。在实际拍摄中，为了达到预想的创意或效果，一个画面往往需拍摄多遍，或拍摄多段素材，因此手机务必要预留一定空间，以确保拍摄工作能正常进行。

扫码看视频

使用手机视频拍摄时分辨率可以自行设置，当默认分辨率不合适或者占用内存过大时，可以通过调整视频录制分辨率来改善。下面以iPhone手机为例，讲解视频拍摄分辨率的设置方法。

◁ 01 进入手机的"设置"界面，下拉找到"相机"选项，如图3-38所示。

◁ 02 点击"相机"选项，进入"相机"设置界面，可以看到手机默认的视频拍摄分辨率为"1080p，30 fps"，如图3-39所示。

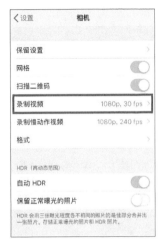

图3-38　　　　　　　　　　图3-39

◁ 03 点击"录制视频"选项，进入"录制视频"设置界面，在其中可以选择不同的视频录制分辨率，越往下划清晰度越高。在下方还显示了不同选项所需的空间大小等详细信息，如图3-40所示。

◁ 04 要录制4K超高清分辨率的视频，除了要在"录制视频"设置界面选择对应分辨率选项以外，还要在"相机"设置界面中对"格式"选项进行设置，即将相机拍摄视频的格式设置为"高效"，如图3-41所示。

图3-40　　　　　　　　　　图3-41

061

3.3 画幅的选择

在用手机拍摄视频的过程中，要根据场景、拍摄主体及拍摄者想要表达的思想的不同来适当变换画幅。画幅在一定意义上影响着观众的视觉感受，因此为视频选择一个合适的画幅十分重要。

在各大短视频平台上，最常见的是横画幅和竖画幅视频。除了这两种画幅外，还有偏正方形画幅、圆形画幅、宽画幅和超宽画幅等。下面分别讲解这几种画幅的特点及其适用的拍摄场景。

3.3.1 横画幅 💬重点

使用横画幅拍摄的画面一般呈现出水平延伸的特点，比较符合视觉观察习惯，可以给人带来自然、舒适、平和、宽广的视觉感受，适用于拍摄风景类的短视频，能更好地表现风景的壮阔美感，如图3-42所示。另外，横画幅可以很好地展现水平运动的趋势，适合拍摄奔跑、车辆行驶等动态场景。

图3-42

3.3.2 竖画幅 重点

竖画幅是短视频领域常见的一种画幅，尤其是人物主题视频。竖画幅需要拍摄者竖持手机进行拍摄，相对横画幅来说，竖画幅可以将人物自然地"拉长变瘦"，能够让主播或用户更好地展现自身形象，是大部分手机端各平台创作者的首选，如图3-43和图3-44所示。

图3-43 图3-44

3.3.3 偏正方形画幅 重点

偏正方形画幅是一种偏方正的拍摄画幅，使用较少。这种形状画幅的视频在观看体验上较为片面，容易将观众的注意力往中心点上引，不利于视频中其他部分内容的展示。

在手机视频的拍摄中，偏正方形画幅也有其优势，它可以充分利用手机的屏幕空间，如在顶部和底部添加说明性的文字作为视频标题，能得到一些意想不到的效果，如图3-45所示；也可以利用其本身的特点，将被摄物放置在镜头中央的位置，突出重点，手工制作或开箱实拍类视频多采用这种画幅，如图3-46所示。

图3-45 图3-46

3.3.4 圆形画幅

　　圆形画幅即画面呈圆形的视频，如图3-47所示，这种画幅与偏正方形画幅有很大差别，在视觉上会形成不同的效果。采用圆形画幅展现的画面充满中国古典美学韵味，圆形的画幅给观众提供了一个"窥视"的窗口，无形之中可以为影片增添神秘感。

图3-47

3.3.5 宽画幅

　　相较于横画幅，宽画幅具有更大的宽度，宽高比一般为2∶1，甚至是更大。宽画幅能让观众的视觉在横向上有一个扩展与延伸，是人们经常看到的视频画幅，更符合人们的视觉习惯，可以给人带来开阔的视觉感受，适合拍摄风光等，如图3-48所示。

图3-48

3.3.6 超宽画幅

超宽画幅是在宽画幅的基础上压缩画面高度,使得画面形成一种从上下向中间挤压的视觉效果。它是一种更有艺术感的画幅,能形成一种独特的全景画面,拓宽人眼向左右两边的视野,使画面更有故事感,如图3-49所示。

图3-49

3.4 本章小结

本章主要介绍了拍摄短视频时需要的一些设备及器材,以及视频分辨率的设置及画幅的选择。在拍摄视频之前,了解相关器械的性能及操作非常有必要。分辨率和画幅直接影响拍摄视频的清晰度和画面质量,希望读者在了解相关内容之后,能结合自身需求进行设置,拍摄出更加高质量的作品。

第4章 短视频构图技巧与原则

构图是将画面中的各种元素进行搭配，并交代清楚主次关系，使画面看起来和谐且具有美感。拍摄离不开构图，构图的方式有多种，每一种都有独特的魅力。当然，在拍摄时不止会用到一种构图方式，需要多种相结合，根据环境而改变构图方式。本章为读者详细介绍日常生活中经常用到的构图要素、构图技巧及构图原则。

教学目标

了解短视频的构图要素

了解短视频构图的基本原则

掌握短视频的构图方法

4.1 构图要素

拍摄的视频除了要清晰地展现拍摄的主体以外，还要明确地体现视频想要表达的主题。有中心思想的视频才有灵魂，想要更好地表达视频的中心思想，需要视频呈现良好的画面，而要呈现良好画面的前提是将主体拍好，只有对主体有了清晰的展现，才能保证视频中心思想被更清晰地表达和传递。

4.1.1 被摄主体

主体指视频所要表现的对象，是反映视频内容与主题的主要载体，也是视频画面的重心或中心。在拍摄视频时，主体的选择十分重要，它关系到拍摄者想要表达的中心思想能否被准确地表达出来。一般来说，可以更好地展现视频拍摄主体的方法有两种。

第1种是直接展现视频拍摄主体，即在拍摄视频时，直接将想要展现的拍摄主体放在视频画面最突出的位置，如图4-1所示。

图4-1

第2种是间接展现视频拍摄主体，也就是通过渲染其他事物来表现视频拍摄主体。主体不一定要占据画面中很大面积，但要突出，占据画面中的关键位置，如图4-2所示。

图4-2

通过拍摄的主体来表达想要展现的中心思想时，要求视频画面的主体必须被准确展现，只有将主体放置在视频画面中的突出位置，才能被观众一眼看到。

在采用直接展现的方法展现视频拍摄主体时，用得较多的构图方式是主体构图或中心构图，使要拍摄的视频主体充满视频画面，或者将其放在视频画面的中间位置，让画面中的主体占据较大面积，又或者使用明暗对比或色彩对比衬托主体。当拍摄者想要间接展现视频拍摄主体时，可采用九宫格构图或三分线构图，将主体放在偏离视频画面中心但又十分突出的位置。

4.1.2 陪体

陪体指在视频画面中对拍摄主体起到突出与烘托作用的对象。一般来说，在拍摄视频时，主体与陪体相辅相成，相互作用，二者结合能使画面层次更加丰富、主题更加鲜明。视频画面中的陪体不可或缺，一旦陪体被去掉，视频画面的层次感就会降低，视频想要表达的主题也就随之减少或消失。在视频拍摄中，陪体的作用不可小觑，如图4-3所示。

图4-3

通过图4-3不难发现，画面中的主体是中间的一碗面，同色系的碟子和配料为陪体，陪体的出现使视频画面的层次更加丰富，也从侧面交代了主体所处的环境，使整个画面更具生命力与活力。

4.1.3 环境

拍摄环境与视频拍摄的陪体类似，在视频中对视频拍摄主体起到说明、解释、烘托和加强的作用，可以在很大程度上加强观众对视频主体的理解，让视频的主体更加清晰明确。

拍摄环境是视频的重要部分，一般来说，只对视频拍摄主体进行展示，很难对中心思想进行更多的表达，而加上了环境，往往能让观众在明白视频拍摄主体的同时，更了解拍摄者想要表达的思想与情感。对于视频拍摄中的环境，可以大致从前景与背景两个方面进行分析。

前景指在拍摄视频时位于视频拍摄主体前方或者靠近镜头的景物，前景在视频中能起到增强视频画面纵深感和丰富视频画面层次的作用，图4-4中花为画面的前景。背景指位于视频拍摄主体背后的景物，可以让拍摄主体的存在更加和谐、自然，同时可以对视频拍摄主体所处的环境、位置、时间等进行一个说明，更好地突出主体，营造视频画面的氛围，图4-5中天空和白云为画面的背景。

图4-4

图4-5

4.2 构图的基本原则

构图是利用视觉要素，在画面空间内将所有元素组织起来，构图是点、线、面、形态、光线、明暗色彩的相互配合，是创作者审美的具体反映，也是决定作品成功与否的重要因素之一。

4.2.1 美学原则 重点

短视频的画面构图遵循着一定的美学原则，创作者需要提高自身的审美能力。构图的美学原则具体表现为以下10点。

◆ 将被摄主体置于黄金分割点，并注意画面平衡。

◆ 天地连接线不能一分为二地分割画面。

◆ 短视频的色调和布光不要平分画面。

◆ 画面中的被摄主体最好与陪体一起出现。

◆ 被摄主体与陪体主次分明。

◆ 画面要有层次，高低起伏、错落有致。

◆ 人与环境的距离有密有疏，减少均等。

◆ 水平线保持平稳。

◆ 寻找多角度拍摄，避免镜头单一。

◆ 利用环境线条，让画面富有动感。

4.2.2 均衡原则 重点

画面均衡应用于画面与摄影构图中，是指画面中的被摄主体处于相对平衡状态，使照片能在视觉上产生稳定感、舒适感。稳定感是一种视觉习惯和审美观念，如果打破这种稳定感，画面就会失去平衡，缺少美观性。

均衡并不是对称，均衡是将元素合理组织并利用，在画面中占据一部分空间，而对称是画面上下或左右必须要对齐。对称的画面往往会让人感觉到呆板、沉闷，在视频中不宜过多出现。

4.2.3 主题服务原则

每一个短视频都有相应的主题，在拍摄时，需要通过构图将主题表现出来，让观众快速了解视频内容。遵循主题服务原则，需要考虑以下3个方面。

◆ 将被摄主体用合适、舒服、自然的构图方法表现出来。

◆ 着重表现主体时可以破坏画面美感。

◆ 合理舍弃视频片段，保持片段与主题思想一致。

4.2.4 变化原则

变化指相异的因素并在一起所形成的对比效果，是各种造型因素（如结构、形体、明暗等）形成的差异和矛盾，变化趋于动感、对比，往往可以给人一种新鲜、丰富多彩的视觉感受。

除了画面中的变化，构图也需要变化，以让观众感受到视频结构的多样性。一成不变的构图方式容易拉低视频质量，观众也不会喜欢。

4.3 常用的构图方法

拍视频与拍照片相似，都需要对画面中的主体进行恰当摆放，使画面看上去更加和谐和舒适。在拍摄时，成功的构图能够使作品重点突出，有条有理且富有美感，令人赏心悦目。下面介绍常用的构图方法。

4.3.1 中心构图法 重点

中心构图是一种简单且常见的构图方式，将主体放置在相机或手机画面的中心进行拍摄，能更好地突出视频拍摄的主体，让观众一眼看到视频的重点，从而将目光锁定在主体对象上。中心构图拍摄的视频最大的优点在于主体突出、明确，画面容易达到左右平衡的效果，并且构图简练，适合用来表现物体的对称性，如图4-6所示。

图4-6

4.3.2 九宫格构图法 重点

九宫格构图又称为井字形构图，是拍摄中重要且常见的一种拍摄形式。使用九宫格构图拍摄视频，就是把画面当作一个有边框的区域，把上、下、左、右4个边都分成三等份，然后用直线把等分点连接起来，形成一个"井"字。连接点所形成的4条直线为画面的黄金分割线，四条线所交的点为画面的黄金分割点，也可以称之为"趣味中心"。图4-7所示的画面就是比较典型的九宫格构图，作为主体的鹅被放在了黄金分割点的位置，整个画面看上去比较有层次感。

图4-7

九宫格构图中共有4个趣味中心，将视频拍摄主体放置在偏离画面中心的趣味中心位置上，可以优化视频空间感，也可以突出视频拍摄主体，是十分实用的构图方法。此外，使用九宫格构图拍摄视频，能够使视频画面保持相对均衡。

练习4-1 开启手机网格参考线

难　度: ★★

相关文件: 无

在线视频: 第4章\练习4-1　开启手机网格参考线.mp4

扫码看视频

　　为了防止画面倾斜，在拍摄时通常需要借助网格线。手机在默认情况下一般不会开启网格参考线，下面以iPhone 手机为例，讲解启用手机内置拍摄网格的操作方法。

◁ 01 进入手机"设置"界面，下拉找到"相机"选项，如图4-8 所示。

◁ 02 点击"相机"选项，进入"相机"设置界面，点击"网格"选项右侧按钮，将其打开，注意按钮为绿色时表示该功能已开启，如图 4-9 所示。

图4-8　　　　　　　　　　　　图4-9

◁ 03 开启内置网格后，打开手机自带相机拍摄视频时，拍摄页面中会出现九宫格网格线，如图4-10 所示。

图4-10

4.3.3 三分线构图法 重点

　　三分线构图是一种经典且简单易学的拍摄构图技巧，在拍摄时，将视频画面从横向或纵向分成3个部分，然后将对象或焦点放在三分线的某一位置上进行构图取景，这样可以让对象更加突出，且画面具有层次感，如图4-11所示。

图4-11

　　三分线构图一般会使视频拍摄主体偏离画面中心，这样的画面能突出视频拍摄主题，同时使画面不至于太枯燥和呆板。此外，使用该构图方式还能使画面左右或上下更加协调，具备平衡感。

4.3.4 对称构图法 重点

　　对称构图即按照一定的对称轴或对称中心，使画面中的景物形成轴对称或者中心对称，如图4-12所示。常用于拍摄建筑、马路等，能带给观众一种稳定、安逸、平衡的感觉。

图4-12

　　需要注意的是，对称构图在拍摄短视频时容易受到限制，这一构图会带给观众一种过于平稳，甚至呆板的感觉，因此在拍摄短视频时不宜过多使用这种构图方式，应与其他构图方式合理搭配使用。

4.3.5 对角线构图法

　　对角线构图是指主体沿画面对角线方向排列，能表现出很强的动感、不稳定性或充满生命力等感觉，给观众一种更为饱满的视觉体验，这种构图方式大多用于拍摄环境。

　　对角线构图是经典构图方式之一，将主体元素安排在对角线上，能有效利用画面对角线的长度，也能使陪体与主体发生直接关系。使用对角线构图拍出的画面富有动感、更为活泼，容易吸引观众视线，达到突出主体的效果，如图4-13所示。

图4-13

4.3.6 引导线构图法 重点

引导线构图又称透视构图，指视频画面中的某一条线或某几条线由近及远形成的延伸感，能使观众的视线沿着视频画面中的线条汇聚到一点。

视频拍摄中的引导线构图可大致分为单边透视和双边透视两种。单边透视是指视频画面中只有一边带有由远及近形成延伸感的线条，如图4-14所示；双边透视则是指视频画面两边都带有由远及近形成延伸感的线条，如图4-15所示。

图4-14

图4-15

引导线构图可以增强视频画面的立体感，而且引导线本身就有近大远小的规律，视频画面中近大远小的事物组成的线条或者本身具有的线条能让观众沿着线条指向去看，因此有较强的引导观众视线的作用。

4.3.7 S形构图法 重点

S形构图指被摄主体以S形在画面中延伸，形成空间感，常用于拍摄河流、道路、山川等，如图4-16所示。

S形构图可以让画面充满灵动感，能展现出一种曲线的柔美感。利用画面中的视觉中心进行画面布局，可以得到一种意境美的效果。这种构图形式在短视频拍摄中的运用，更多的是体现在对画面背景的布局及拍摄空镜头时。

图4-16

4.3.8 三角形构图法 重点

三角形具备稳固、坚定、耐压的特点，自行车的横杠、起重机、屋顶等都是三角形的形状。

在构图中，三角形构图给人稳定的感觉，可以使整体画面趋于平衡。一般来说，三角形构图分为正三角形、倒三角形和斜三角形3种，不同三角形构成的画面带给人的视觉感受不同。

1. 正三角形

正三角形给人稳定感，透过画面可以感受到一种壮阔、宏伟、严肃的感官体验。图4-17所示的画面给人的直观感受是端正、严肃，甚至有一点死板。正三角形构图大多用于拍摄巍峨的山峰和建筑物。

图4-17

2. 倒三角形

相对于正三角形的稳定，倒三角形看起来不那么平稳，它给人感觉会随时倒下，可以令画面更具趣味性。倒三角形构图可以用于打破画面的呆板及对称，使画面更加生动、活泼，如图4-18所示。

图4-18

3. 斜三角形

生活中常见的场景不能构成一个标准的三角形时，需要寻找几个点或线条，使其构成一个斜三角形，让画面充满稳定性，同时不失灵活感，还能增加一定的趣味性，如图4-19所示。

图4-19

在取景时如果很难找到3个点组成完整的三角形，就需要自行想象，或者把画面裁剪成三角形，如图4-20所示。

图4-20

图4-21中是没有三角形的，但是可以将堆起的石块看作一个三角形，这也属于三角形构图。

图4-21

使用三角形构图法拍摄人像时，可以把人物的上半身看作一个三角形，或者让人物的肢体呈现出三角形状态，表现出动态的感觉，使画面更具张力，如图4-22所示。

图4-22

练习4-2 在剪映中调整画面构图

难　度：★★

相关文件：第4章\练习4-2

在线视频：第4章\练习4-2　在剪映中调整画面构图.mp4

扫码看视频

在具体拍摄时，画面在构图上可能会存在一些不合理的地方，这时可以使用手机中的裁剪功能进行二次构图，对多余部分进行裁剪，让画面更加精致。下面介绍在剪映App中调整画面构图的方法。

◁ 01 打开剪映，在首页中点击"开始创作"按钮 ┼，如图 4-23 所示。
◁ 02 进入素材添加界面，选择手机相册中的素材，然后点击"添加"按钮 添加(1)，如图 4-24 所示。
◁ 03 此时会进入视频编辑界面，可以看到选择的素材被自动添加到了轨道中，同时在预览区域可以查看视频画面效果，如图 4-25 所示。

图4-23

图4-24

图4-25

◁ 04 在轨道中点击素材将其选中，然后点击底部工具栏中的"编辑"按钮 🔳，如图 4-26 所示，进入编辑界面。

◁ 05 在编辑选项栏中点击"裁剪"按钮 🔳，如图 4-27 所示。

图4-26

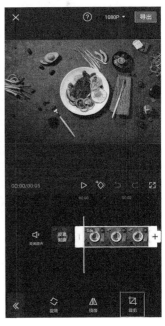

图4-27

◁ 06 进入画面裁剪页面，如图 4-28 所示，点击"自由"模式后，可通过拖动裁剪框，将画面裁剪为任意比例，如图 4-29 所示。

图4-28

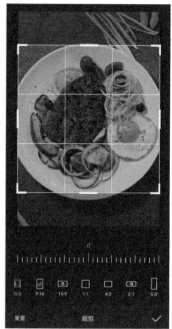

图4-29

◁ 07 此外，还可以选择其他裁剪模式，不同的比例可以裁剪出不同的画面效果，如图 4-30 和图 4-31 所示。

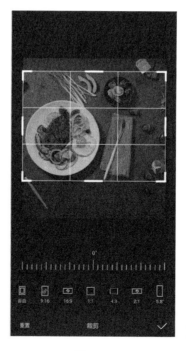

图4-30

图4-31

08 在裁剪选项的上方分布的刻度线可用来调整画面旋转角度，拖动滑块可使画面沿顺时针或逆时针方向进行旋转，如图4-32和图4-33所示。在完成画面的裁剪操作后，点击右下角的"确定"按钮☑️可保存操作；若不满意裁剪效果，可点击左下角的"重置"按钮🔲，重新进行处理。

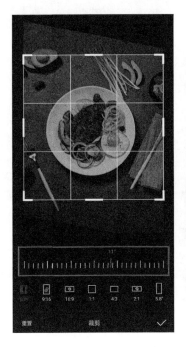 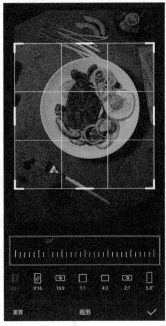

图4-32   图4-33

4.4 本章小结

本章介绍了短视频的构图技巧和原则，以及常用的短视频构图方法。希望读者在正式开始视频创作之前，能适当提升自身的审美能力，掌握短视频构图的基本原则，学会在拍摄时结合多种构图方式，打造具有美感的视频内容。

第 5 章　短视频中素材的剪辑处理

素材是视频编辑工作的基石，在开始视频制作之前，首先需要整理大量与主题相符的图片、视频或音频素材，然后在编辑软件中进行素材的组合、分割和变速等操作。简单来说，视频的编辑工作就是一个不断完善和精细化原始素材的过程，通过这个过程可以打磨出优秀的视频内容。本章讲解对素材的一系列编辑处理操作方法，帮助大家快速掌握视频剪辑技法。

教学目标

掌握素材的剪辑技巧

掌握在剪映中添加及整理素材的方法

学会使用剪映的"画中画"功能

掌握在爱剪辑中调整素材的方法

学会使用爱剪辑为素材添加效果的方法

5.1 剪辑技巧

近年来短视频的覆盖范围越来越广，大多数领域已经发展得非常成熟，如美妆、旅游、游戏、美食等。短视频的内容要想更加丰富，对剪辑的要求越来越高，创作者掌握一定的剪辑技巧十分有必要。

5.1.1 根据脚本有计划地展开剪辑工作

不管是前期拍摄视频还是后期剪辑视频，脚本都发挥着非常重要的作用。在剪辑视频时，有时会因为素材太多、太乱而无从下手，这时就可以根据脚本，将视频内容分成几个大纲，先完成每个大纲的剪辑工作，再按照大纲的顺序将所有视频剪合在一起。通过这样的分工，不仅能让剪辑工作更加细致，也能让视频内容更加连贯、有逻辑，使故事线更加清晰，表达的主题思想也会更加明显。

5.1.2 有针对性地搜集素材

除了拍摄的视频素材，制作视频时还需要加入特效、背景音乐、片头片尾等素材。在搜集这些素材时首先要注意版权问题，尽量选择在可商用的网站中寻找，或者找到素材创作者授予版权。其次要注意素材的类型，应与视频主题和风格相符，以更好地烘托视频主题。

5.1.3 避免剪辑内容的混杂

在剪辑视频时，将每一个小节的内容分成一个文件夹，并把素材和文件都重新命名为视频内容，这样寻找起来会更方便，剪辑效率会更高。把多余的内容或者备用的内容放在另一个文件夹中，可以避免剪辑内容的混杂。

5.1.4 选择适合自己的剪辑软件

在剪辑视频前，选择合适的软件也很重要。移动端的剪辑软件功能一般比较简单，且都提供了特效模板，剪辑工作更加便捷。PC端的剪辑软件功能强大，但相比手机App而言更为复杂，剪辑手法也更为多变。对于视频剪辑的新手而言，应将每个软件都操作一遍，以便找到自己最中意的一款进行使用。

5.2 在剪映中编辑素材

使用剪映进行视频编辑处理工作的第一步，就是要掌握对素材的各项基本操作，如素材分割、时长调整、复制素材、删除素材、变速和替换素材等。

5.2.1 添加素材

剪映作为一款手机端剪辑应用，与PC端常用的Premiere Pro、会声会影等剪辑软件有许多相似之处，如在素材的轨道分布上为一个素材对应一个轨道。

打开剪映，在主界面中点击"开始创作"按钮⊞，打开手机相册，在相册界面可以选择一个或多个视频或图片素材，选择完成后，点击底部的"添加"按钮，如图5-1所示，可以添加素材。进入视频编辑界面后，可以看到添加的素材分布在同一轨道上，如图5-2所示。

用户除了可以添加手机相册中的视频和图片素材外，还可以添加剪映素材库中的视频及图片素材到项目中，如图5-3所示。

  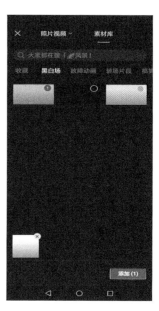

图5-1　　　　　　　　　　图5-2　　　　　　　　　　图5-3

一般情况下，点击⊞按钮添加的素材会有序地衔接排列在同一轨道上，若需要将素材添加至新的轨道，可以通过"画中画"功能实现。

1. 在同一轨道上添加素材

如果需要在同一轨道中添加新素材，则可以将时间线拖至一段素材上方，然后点击轨道右侧的⊞按钮，如图5-4所示。接着，在素材添加界面中选择需要的素材，点击"添加"按钮，如图5-5所示。

完成上述操作后，所选素材将自动添加至项目，并且会衔接在时间线停靠素材的前方（或后方），如图5-6所示。

2. 添加素材至不同轨道

如果需要将素材添加到不同的轨道中，则先拖动时间线来确定一个时间点，然后在未选中任何素材的情况下，点击底部工具栏中的"画中画"按钮▣，继续点击"新增画中画"按钮▣，如图5-7和图5-8所示。

接着，在素材添加界面中选择需要的素材，点击"添加"按钮，如图5-9所示。操作完成后，所选素材将自动添加至新的轨道，并且会衔接在时间线后方，如图5-10所示。

图5-4 图5-5 图5-6

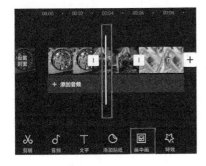

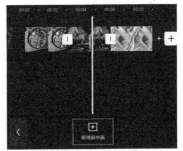

图5-7 图5-8

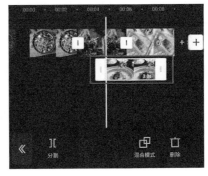

图5-9 图5-10

练习5-1 创建影片编辑项目

难　度：★

相关文件：第5章\练习5-1

在线视频：第5章\练习5-1　创建影片编辑项目.mp4

使用手机拍摄的短视频可以直接在剪映中进行剪辑处理，接下来介绍在剪映中创建影片编辑项目的方法。

◁ 01 打开剪映，在首页中点击"开始创作"按钮，如图 5-11 所示。

◁ 02 进入素材添加界面，在手机相册中选择需要添加的素材，点击右下角的"添加"按钮 添加(3)，如图 5-12 所示。

◁ 03 进入视频编辑界面，可以看到素材被自动添加到了轨道，在轨道中下方点击相应的工具按钮即可对素材进行编辑，如图 5-13 所示。

图5-11

图5-12

图5-13

5.2.2 分割素材 重点

在剪映中分割素材很简单，将时间线定位到需要进行分割的时间点，如图5-14所示。接着，选中需要进行分割的素材，在底部工具栏中点击"分割"按钮，即可将选中的素材按时间线所在位置一分为二，如图5-15和图5-16所示。

图5-14   图5-15   图5-16

5.2.3 调整素材大小及位置

通过剪映中的"编辑"工具，可以对视频画面进行二次构图，裁剪多余的内容，让画面布局更加协调。在剪映中调整素材大小及位置的方法有以下两种。

第1种是用双指滑动直接放大缩小，并调整位置。在轨道中选中视频素材后，即可在预览画面中移动画面位置，同时可以使用双指缩放视频，如图5-17和图5-18所示。

第2种是使用软件提供的尺寸对视频画面进行裁剪。选中轨道中的素材后，点击"编辑"按钮，然后点击"裁剪"按钮，如图5-19所示，可根据需求选择下方的任意一种裁剪模式，如图5-20所示。

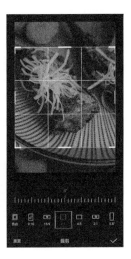

图5-17   图5-18   图5-19   图5-20

5.2.4 调整素材的排列顺序 重点

视频的编辑工作主要是通过在一个视频项目中放入多个素材片段，然后通过片段重组，来形成一个完整的视频。当用户在同一个轨道中添加了多段素材时，如果要调整其中两个片段的前后播放顺序，长按其中一段素材，将其拖动到另一段素材的前方或后方即可，如图5-21和图5-22所示。

图5-21   图5-22

5.2.5 复制与删除素材 重点

在视频编辑过程中如果需要多次使用同一个素材，重复多次素材导入操作是一件比较麻烦的事情，但通过素材的复制操作，可以有效地节省这部分的工作时间。

在项目中导入一段素材，在该素材处于选中状态时，点击底部工具栏中的"复制"按钮囗，可以得到一段同样的素材，如图5-23和图5-24所示。

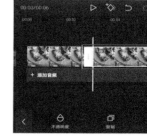

图5-23   图5-24

若在编辑过程中对某个素材的效果不满意，可以将该素材删除。在剪映中删除素材的操作非常简单，在轨道中选中素材，然后点击底部工具栏中的"删除"按钮囗即可，如图5-25和图5-26所示。

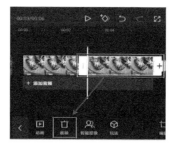

图5-25   图5-26

5.2.6 替换素材

在剪辑视频的过程中，替换素材能够帮助用户打造出更加符合心意的作品。在处理视频时，如果用户对某个部分的画面效果不满意，而直接删除该素材会对整个剪辑项目产生影响，这样使用剪映中的"替换"功能就可以在不影响剪辑项目的情况下换掉不满意的素材。

在轨道中选中需要进行替换的素材片段，在底部工具栏中点击"替换"按钮囗，如图5-27所示。接着进入素材添加界面，点击要进行替换的素材，即可完成替换操作，如图5-28所示。

图5-27   图5-28

5.2.7 调整素材持续时间

在不改变素材片段播放速度的情况下，如果对素材的持续时间不满意，可以通过拖动素材头部或尾部的图标，来改变素材的持续时间。在轨道中选中一段视频素材或照片素材后，可以在素材缩览图的左上角看到所选素材的时长，如图5-29所示。

在素材处于选中状态时，按住素材尾部的图标，向左拖动，可使片段在有效范围内缩短，同时素材的持续时间变短，如图5-30所示；按住素材尾部的图标，向右拖动，可使片段在有效范围内延长，同时素材的持续时间变长，如图5-31所示。

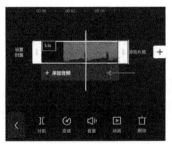
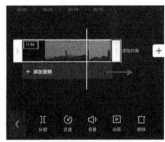

图5-29   图5-30   图5-31

在素材处于选中状态时，按住素材头部的图标，向右拖动，可使片段在有效范围内缩短，同时素材的持续时间变短，如图5-32所示；按住素材头部的图标，向左拖动，可使片段在有效范围内延长，同时素材的持续时间变长，如图5-33所示。

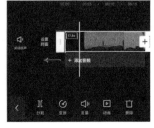

图5-32   图5-33

5.2.8 调整素材播放速度 重点

在制作短视频时，经常需要对素材片段进行一些变速处理。使用一些快节奏音乐搭配快速镜头，可以使视频变得更加动感，让观众情不自禁地跟随画面和音乐摇摆；使用慢速镜头搭配节奏轻缓的音乐，可以使视频的节奏也变得舒缓，让人心情放松。

在剪映中，视频素材的播放速度是可以进行自由调节的，通过调节可以将视频片段的速度加快或变慢。在轨道中选中一段正常播速的视频片段，然后在底部工具栏中点击"变速"按钮 ，如图5-34所示。此时可以看到底部工具栏中出现常规变速和曲线变速两个变速选项，如图5-35所示。

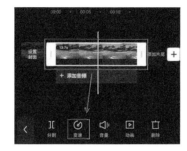 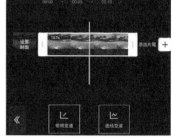

图5-34 图5-35

1. 常规变速

点击"常规变速"按钮 ，可打开对应的变速选项栏，如图5-36所示。一般情况下，视频素材的原始倍速为1x，拖动变速按钮可以调整视频的播放速度。当倍速大于1x时，视频的播放速度变快；当倍速小于1x时，视频的播放速度变慢。

当用户拖动变速按钮时，上方会显示当前视频的倍速，并且视频素材的左上角也会显示倍速，如图5-37所示。完成变速调整后，点击右下角的 按钮，即可实现视频变速。

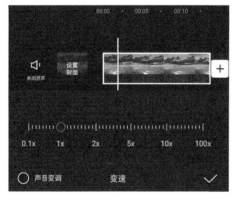

图5-36 图5-37

2. 曲线变速

点击"曲线变速"按钮 ，可打开对应的变速选项栏，如图5-38所示。在"曲线变速"选项栏中罗列了不同的变速曲线选项，包括正常、自定、蒙太奇、英雄时刻、子弹时间、跳接、闪进和闪出等。

在"曲线变速"选项栏中，点击除"正常"选项外的任意一个变速曲线选项，可以实时预览变速效果。以"蒙太奇"选项为例，点击该选项按钮，预览区域将自动展示变速效果，此时可以看到

"蒙太奇"选项按钮变为红色状态，如图5-39所示。再次点击该选项按钮，进入曲线编辑面板，如图5-40所示，可以看到曲线的起伏状态，左上角显示了应用该速度曲线后素材的时长变化。此外，用户可以对曲线中的各控制点进行拖动调整，以满足不同的播放速度要求。

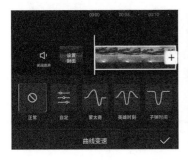 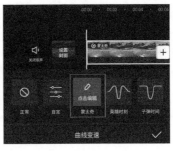 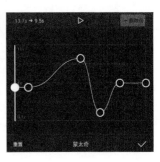

图5-38 图5-39 图5-40

5.2.9 添加转场效果 难点

视频转场也称为视频过渡或视频切换，使用转场效果可以使一个场景平缓且自然地转换到下一个场景，同时增加影片的艺术感染力。在进行视频剪辑时，利用转场可以改变视角，推进故事的情节，避免两个镜头之间产生突兀的跳动。

当在轨道中添加两个素材之后，通过点击素材中间的□按钮，可以打开转场选项栏，如图5-41和图5-42所示，此时可以看到"基础转场""运镜转场""特效转场""MG转场""幻灯片"等不同类别的转场效果，点击任意一种转场效果，即可将其添加到视频素材中。下面介绍常用的4类转场效果。

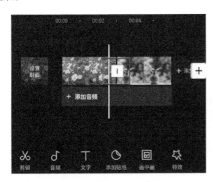 

图5-41 图5-42

1. 基础转场

"基础转场"类别包含"叠化""闪黑""闪白""色彩溶解""滑动""擦除"和"横向拉幕"等转场效果，这类转场效果主要是通过平缓的叠化、推移运动来实现两个画面的切换。图5-43至图5-45所示为"基础转场"类别中"横向拉幕"效果的展示。

| 图5-43 | 图5-44 | 图5-45 |

2. 运镜转场

"运镜转场"类别包含"推近""拉远""顺时针旋转""逆时针旋转"和"向下"等转场效果，这类转场效果在切换过程中，会产生回弹感和运动模糊效果。图5-46至图5-48所示为"运镜转场"类别中"向下"效果的展示。

| 图5-46 | 图5-47 | 图5-48 |

3. 幻灯片

"幻灯片"类别包含"翻页""立方体""倒影""百叶窗""风车"和"万花筒"等转场效果，这类转场效果主要是通过一些简单画面运动和图形变化来实现两个画面的切换。图5-49至图5-51所示为"幻灯片"类别中"立方体"效果的展示。

| 图5-49 | 图5-50 | 图5-51 |

4. 特效转场

"特效转场"类别包含"故障""放射""马赛克""动漫火焰""炫光"和"色差故障"等转场效果，这类转场效果主要是通过火焰、光斑、射线等炫酷的视觉特效，来实现两个画面的切换。图5-52至图5-54所示为"特效转场"类别中"色差故障"效果的展示。

| 图5-52 | 图5-53 | 图5-54 |

练习5-2 制作简单特效短视频

难　度：★★★

相关文件：第5章\练习5-2

在线视频：第5章\练习5-2　制作简单特效短视频.mp4

扫码看视频

转场特效可以实现场景或情节之间的平滑过渡，达到丰富画面、吸引观众视线的目的。下面讲解使用剪映制作简单特效短视频的具体操作。

◁ 01 打开剪映，在首页中点击"开始创作"按钮⊞，如图 5-55 所示。

◁ 02 进入素材添加界面，选择手机相册中的两段素材，点击添加按钮 添加(2)，如图 5-56 所示。

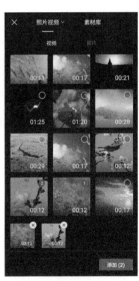

| 图5-55 | 图5-56 |

◁ 03 进入素材编辑界面，点击两段素材之间的按钮Ⅰ，如图 5-57 所示。

◁ 04 进入转场选项栏，在转场选项栏中的"基础转场"中，选择"色彩溶解Ⅱ"，并将转场时长设置为 1s，如图 5-58 所示。

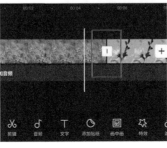

| 图5-57 | 图5-58 |

◁05 点击完成按钮☑，接着点击视频编辑界面右上角"导出"按钮 导出，如图5-59所示，等待视频自动导出到手机相册，如图5-60所示。视频效果如图5-61和图5-62所示。

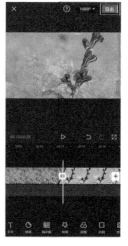

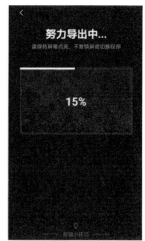

图5-59 图5-60

图5-61

图5-62

5.2.10 设置转场持续时间

选择一种转场特效后，在特效栏下方可以设置转场时长，如图5-63所示。默认时长是0.1s，向右拖动可以增加时长，时间越长，转场动画越慢。

图5-63

5.2.11 使用"画中画"功能 难点

　　"画中画"功能可以让不同的素材出现在同一个画面中，通过此功能可以制作出很多创意视频，如让一个人分饰两角，或是营造"隔空"对唱、聊天的场景效果。在观看视频时，常看到有些画面分为好几个区域，或者划出一些不太规则的地方来播放其他视频，在教学分析、游戏讲解类视频中非常常见，如图5-64所示。

图5-64

　　在剪映中，一次最多支持添加6个画中画视频，添加太多时会影响视频观感，一般情况下用3个横向的视频拼成一个竖向视频，或用3个竖向视频拼成一个横向视频，如图5-65和图5-66所示。

图5-65

图5-66

练习5-3 制作多屏播放效果

难　度：★★★

相关文件：第5章\练习5-3

在线视频：第5章\练习5-3　制作多屏播放效果.mp4

扫码看视频

　　三格（三分屏）视频是一种制作简单，又很受观众喜爱的视频形式。下面讲解如何在剪映中制作多屏播放效果视频。

◁ **01** 打开剪映,在首页点击"开始创作"按钮 ⊞,如图 5-67 所示。

◁ **02** 进入素材添加界面,选择手机相册中的素材,然后点击"添加"按钮 添加(1),如图 5-68 所示。

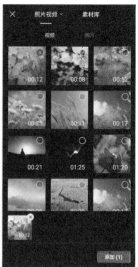

图5-67　　　　　　　　图5-68

◁ **03** 进入视频编辑界面,拖动下方工具栏,在工具栏中点击"比例"按钮 ▣,将画面的尺寸改为"9:16",如图 5-69 和图 5-70 所示。

图5-69　　　　　　　　图5-70

◁ **04** 点击返回按钮 ◀,回到上一级工具栏,点击"画中画"按钮 ▣,然后点击"新增画中画"按钮 ⊞,如图 5-71 和图 5-72 所示,将原素材再次添加到轨道中,如图 5-73 所示。

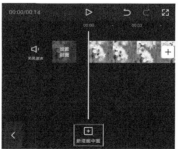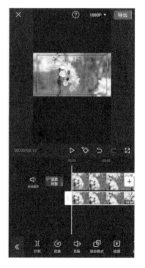

图5-71　　　　　　图5-72　　　　　　图5-73

◁ 05 在视频预览画面中调整素材的位置和大小，如图 5-74 所示。

◁ 06 使用上述同样的方法将素材再添加一次，如图 5-75 所示。

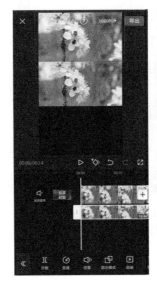

图5-74　　　　　　　　　　图5-75

◁ 07 回到上一级工具栏，视频轨道将被折叠，如图 5-76 所示。点击"导出"按钮 导出 ，等待视频自动导出保存至手机相册，如图 5-77 所示。最终效果如图 5-78 所示。

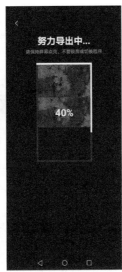

图5-76　　　　　　　　图5-77　　　　　　　　图5-78

5.2.12 为素材添加动画效果 重点

剪映提供了旋转、伸缩、回弹、形变、拉镜、抖动等众多动画效果，用户在完成画面的基本调整后，如果仍旧觉得画面效果单调，那么可以尝试为素材添加动画效果来达到丰富画面的目的。

在轨道中选择一段素材，然后在底部工具栏中点击"动画"按钮 ，进入动画选项栏，可以看到"入场动画""出场动画"和"组合动画"这3种类别，点击类别中任意效果可以将其应用至素材画面，如图5-79和图5-80所示。

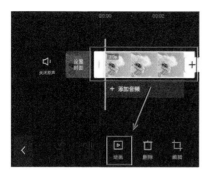
图5-79

图5-80

练习5-4 为素材统一添加入场动画

难　度：★★★

相关文件：第5章\练习5-4

在线视频：第5章\练习5-4　为素材统一添加入场动画.mp4

扫码看视频

　　入场动画也称为片头动画，是视频开场时常用的动画效果。剪映为用户提供了多种入场动画，用户可以自由选择想要的动画效果，添加到视频开场时。下面讲解在视频中添加入场动画的具体操作。

◁ **01** 打开剪映，在首页点击"开始创作"按钮 +，如图 5-81 所示。

◁ **02** 进入素材添加界面，选择手机相册中的素材，然后点击"添加"按钮 添加(1)，如图 5-82 所示。

图5-81　　　　　　　图5-82

◁ **03** 进入视频编辑
界面，在轨道中选中
素材，并在工具栏中点
击"动画"按钮▣，如
图 5-83 所示，接着
点击"入场动画"按
钮▣，如图 5-84 所示。

图 5-83   图 5-84

◁ **04** 进入动画特效
界面，在特效栏点击
"渐显"效果，并调
整动画时长为 2.1s，
如图 5-85 所示。

◁ **05** 完成点击右上角
的"导出"按钮 ▣▣，
等待视频自动导出至
本地相册，如图 5-86
所示。最终效果如图
5-87 和图 5-88 所示。

图 5-85   图 5-86

图 5-87   图 5-88

5.2.13 为素材添加滤镜效果

通过为素材添加滤镜，可以很好地掩盖拍摄造成的缺陷，使画面更加生动、绚丽。剪映为用户提供了数十种视频滤镜特效，合理运用这些滤镜效果，不仅可以对素材画面进行美化，还可以模拟出各种艺术效果，从而使视频作品更加引人注目。

在剪映中，用户可以将滤镜应用到单个素材，也可以将滤镜作为独立的一段素材应用到某一个时间段。

1. 将滤镜应用到单个素材

在轨道中选择一段视频素材，然后点击底部工具栏中的"滤镜"按钮，如图5-89所示，进入滤镜选项栏，点击一款滤镜效果，即可将其应用到所选素材中，通过调节滑块可以改变滤镜的强度，如图5-90所示。

图5-89

图5-90

完成操作后点击右下角的✅按钮，此时的滤镜效果仅添加给了选中的素材。若需要将滤镜效果同时应用到其他素材，可在选择滤镜效果后点击"应用到全部"按钮。

2. 将滤镜应用到某一个时间段

在未选中素材的状态下，点击底部工具栏中的"滤镜"按钮，如图5-91所示，进入滤镜选项栏，点击一款滤镜效果，如图5-92所示。

完成滤镜的选择后，点击右下角的✔按钮，此时轨道中将生成一段可调整时长和位置的滤镜素材，如图5-93所示。调整滤镜素材的方法与调整音视频素材的方法一致，只要按住素材首尾处的图标▯拖动，即可对素材的持续时长进行调整。选中滤镜素材前后进行拖动，即可改变滤镜需要应用的时间段，如图5-94所示。

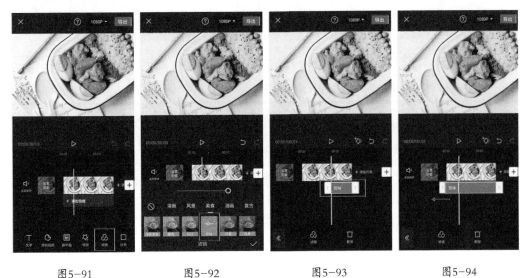

| 图5-91 | 图5-92 | 图5-93 | 图5-94 |

5.2.14 为素材添加蒙版 难点

蒙版也称为"遮罩"，是视频编辑处理时非常实用的一项功能。在剪映中，通过蒙版功能可以轻松地遮挡或显示部分画面。剪映提供了多种形状的蒙版，如线性、镜面、圆形、爱心和星形等，这些形状蒙版可以作用于固定的范围。如果用户想让画面中的某个部分以几何图形的状态在另一个画面中显示，则可以使用蒙版功能来实现。

在剪映中添加蒙版的操作很简单，首先在轨道中选择需要应用蒙版的素材，然后点击底部工具栏中的"蒙版"按钮▣，如图5-95所示。在打开的蒙版选项栏中，有不同形状的蒙版选项，如图5-96所示。

| 图5-95 | 图5-96 |

在选项栏中点击"圆形"蒙版，然后点击右下角的✔按钮，即可将形状蒙版应用到所选素材，如图5-97和图5-98所示。

图5-97

图5-98

5.3 在爱剪辑中编辑素材

爱剪辑是一款简单实用、功能强大的视频剪辑软件，它具备为视频添加字幕、进行画面调色、添加边框等视频编辑功能，其拥有的诸多创新功能及影院级特效使它成了深受零基础用户喜爱的一款易用、强大的视频剪辑软件。本节介绍爱剪辑软件的一些常用功能。

5.3.1 创建影片编辑项目

使用爱剪辑软件剪辑视频之前，首先需要学会创建编辑项目。启动程序后，屏幕中将会弹出"新建"对话框，如图5-99所示，在该对话框中可以设置视频大小、选择视频的临时存储路径等，完成设置后，单击"确定"按钮 确定 ，即可创建一个编辑项目。

图5-99

练习5-5 创建一个剪辑项目

难　度：★★

相关文件：无

在线视频：第5章\练习5-5　创建一个剪辑项目.mp4

扫码看视频

下面介绍使用爱剪辑创建剪辑项目的具体操作。

◁01 启动爱剪辑，在弹出的"新建"对话框中，设置视频大小和临时目录，如图5-100所示，完成操作后，单击"确定"按钮 确定 。

◁02 进入爱剪辑的视频编辑界面，单击"添加视频"按钮▦，如图 5-101 所示，在弹出的对话框中选择相应素材，即可导入视频素材。

图5-100   图5-101

5.3.2 在项目中添加素材 重点

剪辑项目创建完成后，需要在项目中添加视频素材。爱剪辑添加素材的方法有两种，第1种是打开视频素材所在的文件夹，将视频文件直接拖曳至爱剪辑的"视频"选项卡中，如图5-102所示。

图5-102

第2种是在视频编辑界面顶部单击"视频"选项卡，然后单击"添加视频"按钮▦，或者在"已添加片段"面板中的提示文字处双击，如图5-103所示。弹出"请选择视频"对话框，根据需要选择视频素材，对话框右边可以对素材进行实时预览，如图5-104所示，完成操作后，单击"打开"按钮。此时，弹出"预览/截取"对话框，如图5-105所示，根据需求设置素材的"开始时间"和"结束时间"，完成设置后，单击"确定"按钮 确定 ，即可将视频导入爱剪辑。

图5-103

图5-104

图5-105

5.3.3 调整素材画面的大小及位置

如果对视频画面的构图不满意，可以使用爱剪辑进行调整。在视频编辑界面中，单击"画面风格"选项卡，在选项卡下方可以看到"画面""美化""滤镜"和"动景"这4种分类，如图5-106所示。

在"画面"选项的右侧，展开"位置调整"列表，选择"自由缩放（画面裁剪）"选项，如图5-107所示。在"时间设置"和"效果设置"中调整参数，如图5-108所示，在预览区域可查看视频效果。

图5-106

图5-107

图5-108

难　度：★★

相关文件：第5章\练习5-6

在线视频：第5章\练习5-6　调整素材画面的大小.mp4

扫码看视频

通过爱剪辑进行二次构图之后，画面将变得主次分明且主题明确。下面将为读者介绍使用爱剪辑软件调整素材画面大小的具体操作。

◁ 01 启动爱剪辑，弹出"新建"对话框，设置视频大小和临时目录，如图5-109所示，完成操作后，单击"确定"按钮 确定 。

◁ 02 进入爱剪辑的视频编辑界面，单击"添加视频"按钮 ，如图5-110所示。

图5-109　　　　　　　　　　　　　　　　　　图5-110

◁ 03 将相关素材导入爱剪辑，添加素材之后，单击视频编辑界面顶部的"画面风格"选项卡，在"画面"选项栏中选择"位置调整"列表中的"自由缩放（画面裁剪）"选项，然后单击"添加风格效果"按钮，选择"为当前片段添加风格"选项，如图5-111所示。

◁ 04 在"效果设置"中设置相关参数，调整画面大小，如图5-112所示。其中，"缩放"可用于控制画面大小，"中心点X坐标"用于左右移动画面，"中心点Y坐标"用于上下移动画面。完成参数设置后，单击"确认修改"按钮。

◁ 05 完成上述操作后，在视频预览区域可查看视频效果，如图5-113所示。

图5-111　　　　　　　　　　图5-112　　　　　　　　　图5-113

105

5.3.4 调整素材持续时间 重点

爱剪辑剪辑视频的方法与其他剪辑软件略有不同，爱剪辑是直接在视频时间轴中进行剪辑，没有提供轨道，因此不能以拖动的形式剪辑视频。下面介绍在爱剪辑中剪辑视频素材的两种方法。

第1种方法是在视频预览区域进行剪辑。在预览区域的时间进度条上，单击三角按钮 ，显示时间轴，如图5-114和图5-115所示。

图5-114　　　　　　　　　　　　　　　图5-115

接着，将时间线按钮拖动到需要分割的画面附近，通过键盘中的↑和↓方向键，可以逐帧跳转至要进行分割操作的时间点。选定时间点后，单击时间轴底部的"在当前时间点将视频剪开"按钮，如图5-116所示，将视频分割成两段。

图5-116

在"已添加片段"列表中，选中多余片段的缩略图，单击片段缩略图右上角的删除按钮，如图5-117所示，即可完成视频片段的剪辑操作。

图5-117

第2种方法是通过"预览/截取"对话框进行剪辑。除了在添加视频时会弹出"预览/截取"对话框外，双击"已添加片段"面板中的片段缩略图，或单击"裁剪原片"选项栏中的"预览/截取原片"按钮，如图5-118所示，也可以打开"预览/截取"对话框。

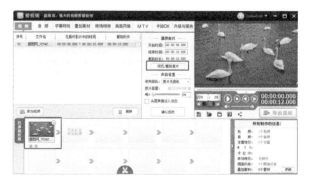

图5-118

打开"预览/截取"对话框后，单击时间进度条上三角按钮 ✓ ，打开时间轴，并将时间线按钮定位至需要进行分割操作的时间点，如图5-119和图5-120所示。

图5-119   图5-120

确定时间点后，在"预览/截取"对话框中，单击"截取"选项卡中"开始时间"右侧的"快速获取当前播放的视频所在的时间点"按钮 ⏱ ，即可获取视频素材截取的起始时间点；单击"结束时间"右侧的"快速获取当前播放的视频所在的时间点"按钮 ⏱ ，可以获取视频素材截取的结束时间点，如图5-121所示。设置"开始时间"和"结束时间"后，单击"确定"按钮，即可完成对片段的剪辑。

图5-121

5.3.5 调整素材排列顺序 🔴重点

一段完整的视频通常由多个片段组合而成，片段的排序非常重要，只有在剪辑阶段将每个素材的顺序排列清楚，视频的内容才会连贯，故事逻辑才会合理。在爱剪辑中调整素材顺序的方法有以下两种。

第1种是在添加完多个素材之后，编辑界面顶部的"视频"选项卡中显示视频素材的排列顺序，单击第1个视频素材，按住鼠标左键向下拖动，即可更改片段排序，如图5-122所示。

第2种是在"已添加片段"列表中以左右拖动的形式改变素材片段的顺序，如图5-123所示。

图5-122

图5-123

5.3.6 调整素材的播放速度 重点

爱剪辑具备调节视频速度的功能，通过这一功能可以对视频进行慢放或快进，简单、快速实现一些特殊或有意境的视觉效果。

在"预览/截取"对话框中切换至"魔术功能"选项卡，如图5-124所示，展开"对视频施加的功能"列表，选择"快进效果"或"慢动作效果"，如图5-125所示，即可调整视频的播放速度。

图5-124　　　　　　　　　　图5-125

5.3.7 复制与删除素材

在编辑界面顶部的"视频"选项卡中，右击视频素材，在弹出的快捷菜单中选择"复制多一份"命令，如图5-126所示，完成操作后即可将所选素材复制一份。

此外，在"已添加片段"列表中，右击视频素材，在弹出的快捷菜单中选择"复制多一份"命令，如图5-127所示；或者选中素材后，按快捷键Ctrl+C，可以将素材复制一份。

在爱剪辑中要将素材片段删除，可以在"已添加片段"列表中单击素材缩略图右上角的删除按钮⊗，如图5-128所示。

图5-127

图5-126

图5-128

5.3.8 替换素材

在爱剪辑中替换素材的方法非常简单，先在"已添加片段"列表中双击添加一个新素材，然后将需要被替换的旧素材删除，再将新添加进项目的素材拖动到旧素材的位置，如图5-129所示，这样就完成了素材的替换。

图5-129

108

难　度：★★

相关文件：第5章\练习5-7

在线视频：第5章\练习5-7　替换素材画面.mp4

扫码看视频

下面讲解在爱剪辑中替换素材的具体操作。

◁01 打开爱剪辑，依次添加 3 段视频素材，如图 5-130 所示。

图5-130

◁02 在"已添加片段"列表中单击需要进行替换的素材，单击其右上角的删除按钮 ⊗，如图 5-131 所示。

图5-131

◁03 添加一个新素材，其序号命名为 4，如图 5-132 所示，然后将新素材移动到被删除的素材的位置，如图 5-133 所示，即可完成素材的替换。

图5-132

图5-133

5.3.9 在素材之间添加过渡效果 难点

恰到好处的转场特效能够使场景片段的过渡更加自然，也能使视觉效果更加丰富。爱剪辑提供了数百种转场特效，使用户的创意发挥变得更加自由和简单。

在两段素材之间添加转场效果，需要先选中后一段素材，然后在编辑界面的顶部单击"转场特效"选项卡，在选项列表中选择任意一种效果，单击"设置随机转场"按钮，然后在"转场设置"选项区设置转场特效的时长，完成操作后，单击"应用/修改"按钮即可，如图5-134所示。

图5-134

练习5-8 为素材添加转场效果

难　度：★★

相关文件：第5章\练习5-8

在线视频：第5章\练习5-8　为素材添加转场效果.mp4

扫码看视频

下面介绍在爱剪辑中为素材片段添加转场效果的具体操作。

◁01 启动爱剪辑，弹出"新建"对话框，设置视频大小和临时目录，如图5-135所示，完成后单击"确定"按钮 ▭ 。

◁02 进入爱剪辑的视频编辑界面，单击"添加视频"按钮 ▤，如图5-136所示。

图5-135

图5-136

◁03 将相关素材导入爱剪辑后，在"已添加片段"列表中选中第2段素材，然后在编辑界面顶部单击"转场特效"选项卡，如图5-137所示。

◁04 在"转场特效"选项卡中，选择"变暗式淡入淡出"特效，并在"转场设置"选项区设置"转场特效时长"为3秒，完成设置后单击"应用/修改"按钮，如图5-138所示。最终视频效果如图5-139和图5-140所示。

图5-137

图5-138

图5-139

图5-140

5.3.10 为素材添加特殊效果 难点

在编辑界面顶部的"叠加素材"选项卡中，可以为视频添加贴图、相框或去水印等，如图5-141所示。在各种综艺节目中出现过的滴汗、乌鸦飞过、省略号等趣味效果，在爱剪辑中都有。此外，爱剪辑还具备各种可一键应用的动感特效，让视频特殊效果的制作变得更加简单、高效，如图5-142所示。

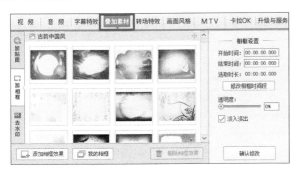

图5-141

图5-142

练习5-9 制作特效短视频

难　度：★★

相关文件：第5章\练习5-9

在线视频：第5章\练习5-9　制作特效短视频.mp4

扫码看视频

在爱剪辑中制作特效短视频的过程并不复杂，使用一些内置特殊效果就可以轻松做出趣味十足的视频作品。

◁ 01 启动爱剪辑，弹出"新建"对话框，设置视频大小和临时目录，如图5-143所示，完成操作后，单击"确定"按钮 确定 。

◁ 02 进入爱剪辑的视频编辑界面，单击"添加视频"按钮 █ ，如图5-144所示。

图5-143   图5-144

◁ 03 将相关素材导入软件，然后单击顶部的"叠加素材"选项卡，在选项列表中单击"加贴图"按钮，如图5-145所示。

◁ 04 单击"添加贴图"按钮或双击视频预览画面可以打开"选择贴图"对话框，如图5-146所示。在"选择贴图"对话框中可根据需要选择贴图，单击下方的"浏览"按钮，在打开的"请选择一个音效"对话框中可以选择爱剪辑提供的贴纸音效，完成选择后，单击"确定"按钮。

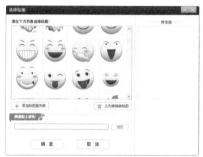

图5-145   图5-146

◁ 05 在视频预览区域可以调整贴图位置，并为贴图设置"向右偏移"特效，然后在"贴图设置"选项区设置"持续时长"和"透明度"，如图5-147所示。最终效果如图5-148所示。

图5-147   图5-148

5.3.11 素材画面颜色校正 重点

爱剪辑是一款智能视频剪辑软件，其操作界面简约，贯彻了"一键式应用"的设计，易上手、易操作。爱剪辑在调色功能上，同样遵循操作简易的原则，新手用户可以一键得到唯美的视频画面。

视频剪辑完成后，在编辑界面顶部单击"画面风格"选项卡，同时，将侧边栏切换至"美化"选项。在"美化"选项中，可以看到"美颜""人像调色""画面色调""胶片色调""复古色调"等各种"一键式应用"的调色及美颜滤镜效果，在添加效果后，可在右侧"效果设置"选项区调整滤镜的应用程度，如图5-149所示。在滤镜列表中双击滤镜效果，在弹出的"选取风格时间段"对话框中设置滤镜效果的持续时间，如图5-150所示。

图5-149 　　　　　　　　　　　　　　　　　　　　　图5-150

5.4 本章小结

本章主要介绍了移动端剪映App和PC端爱剪辑软件的基本剪辑操作及常用剪辑功能，同时还详细讲解和演示了这两种软件制作特效视频的具体操作。通过本章，希望读者能掌握这两款剪辑软件的使用技巧，并且能根据自身理解制作出优秀的短视频作品。

5.5 拓展训练

本节安排了两个拓展训练，以帮助大家巩固本章所学内容。

打造清新电影风格视频

分析

本例使用爱剪辑制作清新电影风格视频。为视频添加字幕及为字幕制作动画，并对视频色调进行处理，将视频打造成清新电影风格视频。最终效果如图5-151所示。

难　度：★★

相关文件：第5章\训练5-1

在线视频：第5章\训练5-1　打造清新电影风格视频.mp4

扫码看视频

图5-151

本例知识点

1. 为视频添加字幕

2. 制作字幕动画

3. 调整视频画面的色调

训练5-2 制作画中画效果视频

分析

本例使用剪映制作画中画效果的视频，重点在于"蒙版"功能及"画中画"功能的结合应用。最终效果如图5-152所示。

难　度：★★★

相关文件：第5章\训练5-2

在线视频：第5章\训练5-2　制作画中画效果视频.mp4

扫码看视频

本例知识点

1. 在视频中添加蒙版

2. 画中画功能的应用

图5-152

第6章 为短视频添加字幕

字幕是视频作品中不可缺少的部分，它能够让观众更加直接、深入地了解整个视频作品，因此掌握字幕的创建及使用是非常必要的。本章将详细介绍字幕的相关知识及操作，包括字幕类型的介绍，以及在剪映和爱剪辑中创建字幕、编辑字幕及创建字幕动画等方法的讲解。

教学目标

掌握在剪映中创建字幕的方法

掌握在爱剪辑中创建字幕的方法

掌握字幕工具的使用方法

6.1 字幕的类型和区别

　　根据字幕的应用方式，可以将字幕大致分为硬字幕、软字幕和外挂字幕这3种类型，不同类型的字幕有不同的特点及适用情况。

6.1.1 硬字幕

　　硬字幕是指将字幕覆盖在视频上面，如图6-1所示。这种字幕与视频画面融为一体，具有较佳的兼容性，只要能够播放视频，就能显示字幕。硬字幕的不足之处在于它会覆盖视频画面，在一定程度上破坏了视频内容，并且在视频输出后无法对字幕进行撤销或更改。只有在保留了视频工程文件的情况下，才能对字幕内容进行调整和修改。

图6-1

6.1.2 软字幕

　　软字幕是指通过某种方式将外挂字幕与视频打包在一起，在下载和复制时只需要复制一个文件，如高清视频封装格式MKV、TS、AVI等。该类型文件一般可以同时封装多种字幕文件，播放时通过播放器选择所需字幕，非常方便，如图6-2所示。具体应用时，还可以将字幕分离出来进行编辑、修改或替换。

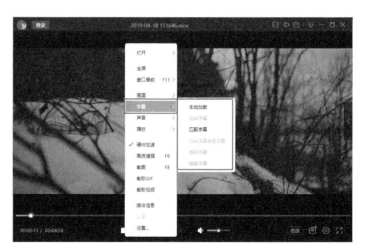

图6-2

6.1.3 外挂字幕

外挂字幕是将字幕单独做成一个文件，字幕文件有多种格式，如图6-3所示。外挂字幕的优点是不会破坏视频画面，根据需要随时可以更换字幕语言、编辑字幕的内容。缺点是播放较为复杂，需要相应的字幕播放工具。

第1期 如何做好   第1期 如何做好   第2期 拍摄用到   第2期 拍摄用到
短视频.ass   短视频.srt   的设备.ass   的设备.srt

第3期 剪映的基   第3期 剪映的基   第4期 如何做好   第4期 如何做好
本操作.ass   本操作.srt   运营.ass   运营.srt

图6-3

6.2 在剪映中添加字幕

本节介绍在剪映中添加字幕的方法，内容包括创建基本字幕、字幕素材的基本处理、通过语音生成字幕、添加字幕动画效果等。

6.2.1 创建基本字幕 重点

目前的短视频类App基本都提供了字幕功能，用户在编辑界面中可自由输入并编辑文本字幕，不少软件还提供了各类字体及文字特殊效果，让字幕变得更加生动有趣。

练习6-1 在剪辑项目中添加字幕素材

难　度：★

相关文件：第6章\练习6-1

在线视频：第6章\练习6-1　在剪辑项目中添加字幕素材.mp4

扫码看视频

下面讲解在剪映中剪辑项目时添加字幕素材的方法。

◁ **01** 打开剪映，在首页点击"开始创作"按钮 +，如图 6-4 所示，将手机相册中的视频素材导入编辑界面，如图 6-5 所示。

图6-4   图6-5

◁ 02 点击视频编辑界面底部工具栏中的"文字"按钮 T，如图 6-6 所示。在打开的文本选项栏中，点击"新建文本"按钮 A+，如图 6-7 所示。

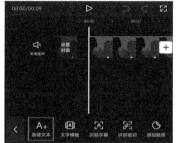

图6-6   图6-7

◁ 03 此时将弹出输入键盘，如图 6-8 所示，输入相关文字后文字内容将同步显示在预览区域，如图 6-9 所示，输入完成后点击 ✓ 按钮，即可在轨道中生成字幕素材。

图6-8   图6-9

◁ 04 将文字素材调整到合适的位置，并调整大小，效果如图 6-10 所示。

图6-10

6.2.2 字幕素材的基本处理 重点

添加完字幕之后，可以对字幕的样式、颜色、大小等进行编辑操作，如图6-11所示。

添加字幕后，在文字的"样式""花字""气泡"和"动画"等类别板块可以对字幕进行设置。

图6-11

1. 样式

字体： 更换字幕文字的字体，如图6-12所示，向左滑动可以选择更多字体。

效果： 为字幕添加不同的效果，如图6-13所示。

图6-12

图6-13

其他设置： 可通过下方的色条来设置字幕的描边、标签、阴影等部分的颜色。还可以通过"排列"或"粗斜体"选项来调整字幕的对齐方式和粗斜体等，如图6-14和图6-15所示。

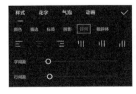

图6-14

图6-15

119

透明度： 控制字幕的不透明度。

2. 花字

为字幕添加特殊效果，向上滑动屏幕可以选择更多花字效果，如图6-16所示。

3. 气泡

为字幕添加背景，如图6-17所示。

4. 动画

有入场、出场、循环3种动画，可以为字幕添加不同的动画效果，如图6-18所示。

 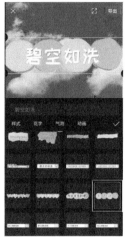 

图6-16　　　　　　图6-17　　　　　　图6-18

6.2.3 通过语音生成字幕

在剪映中，用户可以通过"识别字幕"或"识别歌词"功能将语音转成字幕，这两项功能位于文字界面，如图6-19所示。

点击"识别字幕"按钮，软件会自动识别视频中的语音，识别完成后字幕将出现在轨道中，如图6-20所示。双击字幕可修改文本，以及替换、更换文字样式等。

图6-19　　　　　　图6-20

练习6-2 制作热门字幕短视频

难　度：★★★

相关文件：第6章\练习6-2

在线视频：第6章\练习6-2　制作热门字幕短视频.mp4

扫码看视频

下面讲解使用剪映制作热门字幕短视频的具体操作。

◁ 01 打开剪映，在首页中点击"开始创作"按钮[+]，如图 6-21 所示，点击"素材库"，将"黑场"素材添加至编辑界面，如图 6-22 所示。

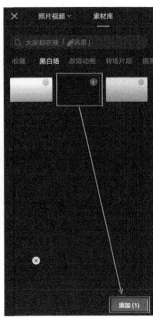

图6-21 图6-22

◁ 02 点击轨道右方的素材添加按钮[+]，如图 6-23 所示，将本地相册中的视频素材添加到轨道中，拖动"黑场"素材使其位于原视频素材之前，如图 6-24 所示。

图6-23 图6-24

◁ 03 点击"音频"按钮 🎵，
然后点击"音效"按钮 🔊，
在"人声"分类下点击"味
道好极了"音效，点击"使用"
按钮即可将其添加至轨道中，
如图6-25和图6-26所示。

图6-25   图6-26

◁ 04 在视频编辑界面点击"文字"按钮，点击"新建文本"按钮，输入文字"你见过吃草的老虎吗"，
如图6-27所示，点击 ✓ 按钮即可完成。

◁ 05 点击轨道中的字幕，将其时长缩短到与黑色背景一致，并调整文字的样式及大小，如图6-28所示。

◁ 06 为文字设置合适的样式，然后在文字素材选中状态下，点击工具栏中的"文本朗读"按钮 🔤，选择"小
姐姐"音色，如图6-29所示，即可将文字转化为语音。

图6-27   图6-28   图6-29

◁ 07 点击播放按钮▷查看视频效果，如图 6-30 所示。点击右上角的 导出 按钮，即可将视频保存至手机相册，如图 6-31 所示。最终效果如图 6-32 至图 6-34 所示。

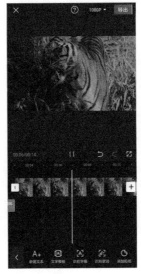

图6-30　　　　　　　　　　　图6-31

图6-32　　　　　　图6-33　　　　　　图6-34

6.2.4 添加字幕动画 难点

将字幕以动画的形式进行呈现，能够让单调的字幕元素更具动感。在剪映中，字幕动画被分为入场动画、出场动画和循环动画3类，这些动画效果可以与视频开幕或闭幕进行搭配使用。

添加字幕后，点击"动画"按钮 动画，在动画列表中点击任意动画效果，即可将其添加到字幕素材中，动画效果底部滑块可以控制动画的播放速度，如图6-35所示。

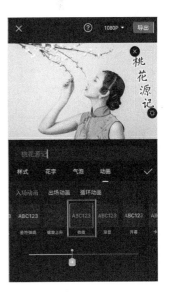

图6-35

在观看视频时，经常会看到闪动或滚动的字幕效果，用来强调视频内容或主题。下面讲解在剪映中制作此类字幕动画的方法。

◁ 01 打开剪映，在首页点击"开始创作"按钮[+]，如图6-36所示，将手机相册中的视频素材导入编辑界面，如图6-37所示。

图6-36　　　　　　　　　图6-37

◁ 02 点击底部工具栏中的"文字"按钮[T]，点击"新建文本"按钮[A+]，在视频中添加两段文字"孤舟蓑笠翁""独钓寒江雪"，然后在"样式"面板中的"字体"选项中选择"毛笔体"字体，在"效果"选项中选择第2个效果，如图6-38和图6-39所示，点击[✓]按钮即可完成。

图6-38　　　　　　　　　图6-39

◁ **03** 在轨道中选中第1段文字素材，点击"动画"按钮，选择"入场动画"选项中的"开幕"效果，然后拖动效果下方的滑块，设置动画播放速率为1.5s，如图6-40所示。

◁ **04** 选择"出场动画"选项中的"缩小"效果，并调整动画速率为1s，如图6-41所示，完成操作后点击☑按钮。

图6-40   图6-41

◁ **05** 使用同样的方法为第2段文字素材设置入场动画和出场动画。

◁ **06** 完成上述操作后，在剪辑项目中将得到对应的字幕素材，如图6-42所示。

◁ **07** 点击"播放"按钮▷，查看字幕最终效果。点击右上角的"导出"按钮 导出，等待视频自动导出至本地相册，如图6-43所示。最终效果如图6-44和图6-45所示。

图6-42   图6-43

图6-44   图6-45

6.3 在爱剪辑中添加字幕

本节介绍使用爱剪辑添加字幕及编辑字幕素材的相关操作，以帮助大家更好地掌握字幕的制作技巧。

6.3.1 创建字幕素材 重点

在爱剪辑中创建字幕的方法非常简单，添加视频素材后，在视频预览区域双击打开"输入文字"对话框，即可输入文字，如图6-46所示，输入完成后，单击"确定"按钮 **确定** 即可。

图6-46

练习6-4 创建字幕素材

难　度：★★

相关文件：第6章\练习6-4

在线视频：第6章\练习6-4　创建字幕素材.mp4

扫码看视频

下面讲解如何使用爱剪辑创建字幕素材。

◁ 01 打开爱剪辑，在视频编辑界面中单击"添加视频"按钮 ，如图 6-47 所示，添加一段视频。

◁ 02 添加视频素材后，弹出"预览/截取"对话框，如图 6-48 所示，单击"确定"按钮。

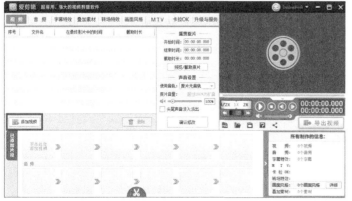

图6-47

图6-48

03 单击编辑界面顶部的"字幕特效"选项卡，如图6-49所示。

04 在视频预览区域的时间进度条上，将播放滑块定位到需要添加字幕特效的时间点，如图6-50所示。

图6-49　　　　　　　　　　　　　　　　　图6-50

05 在视频预览区域双击视频画面，弹出"输入文字"对话框，在对话框中输入文字，然后单击"确定"按钮 确 定 ，如图6-51所示。

06 添加的字幕将显示在视频预览画面中，如图6-52所示。最终效果如图6-53所示。

图6-51　　　　　　　　　　图6-52

图6-53

6.3.2 为字幕添加特效

爱剪辑中的字幕特效分为出现特效、停留特效和消失特效3类，能够帮助用户制作出不同风格的字幕效果。如果用户需要将字幕特效应用至剪辑项目，那么在相应字幕特效前进行勾选即可，如图6-54所示。

在"特效参数"选项卡中，可以对特效的时长进行设置，如图6-55所示，勾选"逐字出现"和"多行时逐行出现"复选框，可以对文字特效动画进行微调。

图6-54   图6-55

完成字幕特效的设置后，点击"播放试试"按钮 ，视频预览区域中将呈现设置的字幕特效动画，如图6-56所示。

图6-56

6.3.3 字幕样式的编辑处理 重点

对字幕样式的编辑包括对文字的字体、大小、排列方式和颜色等的设置，在视频预览区域左侧的"字体设置"选项卡中可以进行调整，如图6-57所示。

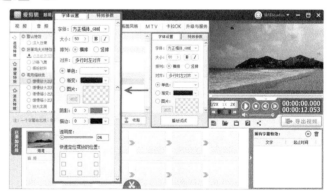

图6-57

6.4 本章小结

本章主要介绍了字幕的创建与编辑方法。在影视作品中，字幕是不可缺少的，通过添加字幕元素可以使画面更加丰富，也可以向观众传递更为丰富的情感信息。希望读者能熟练掌握编辑字幕的各项基本技能，为以后创作出更多优秀的作品打下基础。

6.5 拓展训练

本节安排了两个拓展训练，以帮助大家巩固本章所学内容。

训练6-1 制作文字开头短视频

分析

本例讲解使用剪映为视频添加字幕的方法。最终效果如图6-58所示。

难　度：★

相关文件：第6章\训练6-1

在线视频：第6章\训练6-1　制作文字开头短视频.mp4

本例知识点

1. 在视频中添加字幕

2. 设置字幕样式

3. 设置语音文字效果

扫码看视频

图6-58

训练6-2 制作文字快闪短视频

分析

本例介绍在爱剪辑中制作文字快闪短视频的方法。最终效果如图6-59所示。

难　度：★★★

相关文件：第6章\训练6-2

在线视频：第6章\训练6-2　制作文字快闪短视频.mp4

本例知识点

1. 在视频中添加字幕

2. 在视频中添加图片

扫码看视频

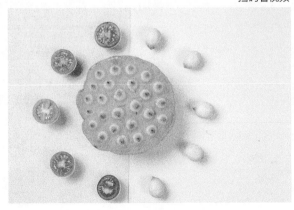

图6-59

第7章 短视频的音频处理

本章将详细讲解短视频音频的处理方法及技巧。抖音短视频掀起了一股音乐短视频的热潮，音频成了短视频的重要组成部分，原本普通平淡的视频素材，配上调性明确的背景音乐后，整个视频就会变得令人耳目一新。配乐赋予了画面故事性，其所能承载的信息量足以改变一段剪辑的平淡无奇。恰到好处的音效出现在视频关键的节点，会成为视频的看点和亮点，提升观众的感官体验。

教学目标

掌握在剪映中添加音频的方法

掌握在爱剪辑中添加音频的方法

掌握音频的处理技巧

7.1 音乐的选择

在短视频剪辑完成后，还需要为其选取合适的背景音乐。音乐的选择是一件比较主观的事，它需要创作者根据视频的内容主旨、整体节奏来进行选择，没有固定的标准。

对于短视频创作者来说，选择与视频内容关联性较强的音乐有助于带动观众的情绪，提升观众对视频的体验感，让短视频更有代入感。本节介绍为短视频选择背景音乐的一些技巧。

7.1.1 把握整体节奏

视频的节奏和音乐匹配程度越高，视频画面的效果越好。为了使背景音乐与视频内容更加契合，在添加背景音乐前，最好按照拍摄的时间顺序对视频进行简单的粗剪。在分析了视频的整体节奏之后，再根据视频整体感觉去寻找合适的音乐。

7.1.2 选择符合视频内容基调的配乐

如果是搞笑类的视频，那么配乐就不宜太抒情；如果是情感类的视频，配乐就不宜太欢快。不同的配乐可以带给观众不同的情感体验，因此需要根据短视频想要表达的内容，选择与短视频属性相匹配的音乐。

在拍摄短视频时，只有清楚短视频表达的主题和想要传达的情绪，确定情绪的整体基调，才能进一步为短视频中的人和事物，以及画面选择合适的背景音乐。

下面，分别分析美食类短视频、时尚类短视频和旅行类短视频的配乐技巧。

◆ 大部分美食类短视频的特点是画面精致、内容治愈，大多会选择一些让人听起来有幸福感、悠闲的音乐，观众在观看视频时，容易产生一种享受美食的愉悦和满足感。

◆ 时尚类短视频的主要观众是年轻人，这类视频大多会选择年轻人喜爱的、充满时尚气息的流行音乐和摇滚音乐，以增加短视频的潮流气息。

◆ 旅行类短视频大多展示的是景色、人文和地方特色，这类短视频适合搭配一些大气、清冷的音乐。大气的音乐容易让观众在看视频时产生放松的感觉；清冷的音乐或轻音乐时而舒缓，时而澎湃，容易将旅行视频的格调充分体现出来。

7.1.3 音乐配合情节反转

在短视频平台常看到前后故事情节反转明显的视频，这类视频前后的反差很能勾起观众点赞的欲望。例如，在一个场景中，上一秒主人公身处空无一人的地下停车场，他总感觉背后有人跟踪自己，镜头在主人公和身处黑暗的跟踪者之间快速切换，配上悬疑的背景音乐渲染紧张气氛，就在观众觉得主人公快被抓住的时候，悬疑的背景音乐切换为轻松搞怪的音乐，镜头中从黑暗处窜出来一只可爱的小狗。

音乐是为视频内容服务的，音乐配合画面表现情节的反转，通过反转音乐能使观众快速建立心理预设。在短视频中灵活利用不同音乐的反差，能增添视频的幽默感，同时增加观众对短视频的期待。

7.1.4 快速有效地寻找音乐

如果对背景音乐的选择毫无头绪，可以通过各种音乐App提供的歌单，或者短视频平台音乐库的分类，来精准有效地查找想要的音乐类型，如图7-1和图7-2所示。

图7-1 图7-2

7.1.5 灵活调整配乐和节奏

在短视频的创作中，镜头切换的频次与音乐节奏一般成正比。根据视频的节点调整短视频配乐，能让视频内容与音乐更加契合。

此外，选择节奏鲜明的音乐来引导剪辑思路是常用且高效的做法，既能让剪辑有章可循，又能避免声音和画面自说自话。通过强节奏的音乐，使素材的画面转换和节奏变化完美契合，会令整个视频充满张力。

7.1.6 不要让背景音乐喧宾夺主

背景音乐虽对整个短视频起着画龙点睛的作用，但视频的画面内容才是需要呈现给观众的东西，因此在背景音乐的选择上要慎重，避免因为音乐太精彩而掩盖了视频的内容。如果不知道选择什么类型的背景音乐，可以试着插入轻音乐。轻音乐的包容性较强，情感色彩相对较淡，对视频的兼容度高。

7.2 在剪映中添加音频

剪映为用户提供了音频处理功能，用户在剪辑项目时，可以对音频素材进行音量调整、淡化、复制、删除和降噪等处理。

7.2.1 在剪辑项目中添加音乐素材 重点

音乐在一段视频中既能够烘托视频主题，又能够渲染气氛，是短视频中重要的一部分。在剪映中添加音乐的方法非常简单，在视频轨道中点击"添加音频"按钮，然后点击"音乐"按钮，如图7-3和图7-4所示，即可打开歌单界面。

进入剪映歌单界面后，可以看到不同的音乐分类，其中，"推荐音乐"歌单中提供了近期的热门音乐；"我的收藏"中存放着剪映软件中收藏的音乐；"抖音收藏"中为抖音账号中收藏的音乐，这是跨平台使用音乐素材的一个重要途径；在"导入音乐"选项中可以通过"链接下载""提取音乐"和"本地音乐"3种方式导入第三方音乐。在歌单界面中点击歌曲即可试听，点击音乐名称右侧的"使用"按钮，如图7-5所示，即可将音乐添加到剪辑项目中。

图7-3

图7-4

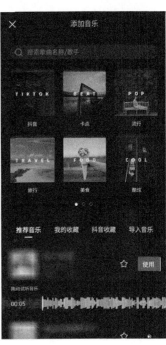

图7-5

剪映是抖音官方推出的剪辑软件，因此抖音的账号与剪映互通，用户在抖音收藏的歌曲可以直接在剪映中使用。下面讲解在剪映中添加抖音收藏音乐的具体操作。

◁ 01 打开抖音，在首页点击"搜索"按钮，打开搜索框后输入歌曲名称，搜索音乐"Wanan"，如图 7-6 和图 7-7 所示。

◁ 02 点击歌曲，进入歌曲详情页，点击"收藏"按钮☆，收藏该音乐，如图 7-8 所示。

图7-6

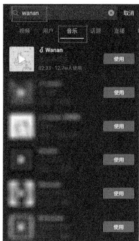

图7-7

图7-8

◁ 03 打开剪映，在首页中点击"开始创作"按钮，如图 7-9 所示。

◁ 04 进入素材添加界面，选择手机相册中的素材，点击"添加"按钮 添加(1)，如图 7-10所示。

图7-9

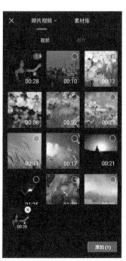

图7-10

◁ 05 进入视频编辑界面后，在轨道中点击"添加音频"按钮 ➕，然后点击"抖音收藏"按钮 🎵，如图7-11和图7-12所示，即可打开歌单。

图7-11　　　　　　　　　图7-12

◁ 06 在歌单界面中点击歌曲即可试听，点击音乐右侧的"使用"按钮 使用，即可将音乐添加至剪辑项目，如图 7-13 和图 7-14 所示。

图7-13　　　　　　　　　图7-14

◁ 07 完成所有操作后，点击视频编辑界面右上角的"导出"按钮 导出，将视频导出到手机相册。最终效果如图 7-15 所示。

图7-15

7.2.2 添加音效

在轨道中，将时间线定
位至需要添加音效的时间点，
在未选中素材的状态下，点击
"添加音频"按钮 ＋，或点击
底部工具栏中的"音频"按
钮 ♪，然后在打开的音频选项
栏中点击"音效"按钮 ✿，如
图7-16和图7-17所示，即可
打开音效选项栏，如图7-18
所示。其中包含综艺、笑声、
机械、游戏、魔法、打斗、动
物等不同类别的音效。添加音
效素材的方法与添加音乐的方
法一致，点击音效素材右侧的
"使用"按钮 使用 ，即可将音
效添加至剪辑项目，如图7-19
所示。

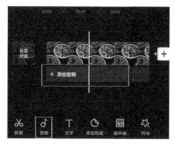

图7-16

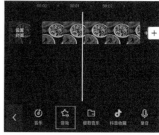

图7-17

图7-18

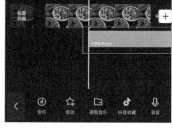

图7-19

7.2.3 调节音频音量 🔴重点

在进行视频编辑工作时，可能会出现音频音量过大或过小的情况，在剪辑项目中添加音频素材
后，可以对音频素材的音量进行自由调整，以满足视频的制作需求。

调节音频音量的方法非常简单，在轨道中选择音频素材，然后点击底部工具栏中的"音量"按
钮 ◁⚬，在打开的音量选项栏中，左右拖动滑块即可改变素材的音量，如图7-20和图7-21所示。

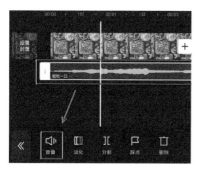

图7-20

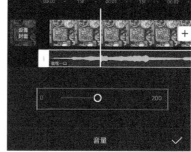

图7-21

在剪映中对音频进行静音处理的方法有3种，下面分别进行讲解。

◁ 01 打开剪映，在首页点击"开始创作"
按钮 +，如图 7-22 所示。

◁ 02 进入素材添加界面，选择手机相册中
的素材，然后点击"添加"按钮 添加(1)，
如图 7-23 所示。

图7-22

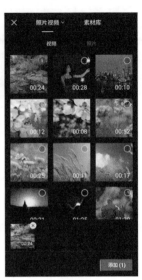

图7-23

◁ 03 添加完素材后，第1种方法是在轨道中点击"关闭原声"按钮 ，如图 7-24 所示，可快速实现
视频静音。

◁ 04 第2种方法是在选中视频素材后，点击底部工具栏中的"音量"按钮 ，在打开的音量选项栏中，
将音量滑块拖至最左侧，音量数值为0，即可实现静音，如图 7-25 所示。

◁ 05 第3种方法是在轨道中选择音频素材，然后点击底部工具栏中的"删除"按钮 ，将音频素材删
除可以达到静音的目的，如图 7-26 所示。需要注意的是，该方法不适用于自带声音的视频素材。最终
效果如图 7-27 所示。

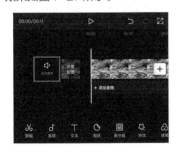

图7-24

图7-25

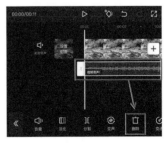

图7-26

图7-27

7.2.4 音频淡化处理 重点

对于一些没有前奏和尾声的音频素材，在其前后添加淡化效果，可以有效降低音乐进出场时的突兀感；在两个衔接音频之间加入淡化效果，可以令音频之间的过渡更自然。

在轨道中选择音频素材，点击底部工具栏中的"淡化"按钮，在打开的淡化选项栏中，可以自行设置音频的淡入时长和淡出时长，如图7-28和图7-29所示。

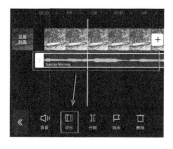

图7-28

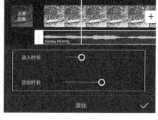

图7-29

7.2.5 音频分割 重点

通过"分割"操作可以将一段音频素材分割为多段，然后实现对素材的重组和删除等操作。在轨道中，选择音频素材，然后将时间线定位至需要进行分割的时间点，接着点击底部工具栏中的"分割"按钮，音频素材即可被一分为二，如图7-30和图7-31所示。

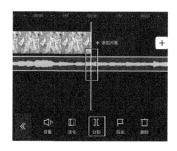

图7-30

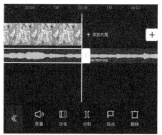

图7-31

7.2.6 复制与删除音频

若用户需要重复利用某一段音频素材,可以选中音频素材进行复制操作。复制音频的方法与
复制视频的方法一致,在
轨道中选择需要复制的
音频素材,然后点击底部
工具栏中的"复制"按
钮⬚,即可得到一段相同
的音频素材,如图7-32和
图7-33所示。

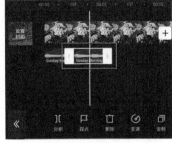

图7-32   图7-33

在剪辑项目中添加音频素材后,如果音频素材的持续时间过长,可以先对音频素材进行分割,
再选中多余的部分进行删
除。在轨道中选择需要删
除的音频素材,然后点击
底部工具栏中的"删除"
按钮⬚,即可将所选音频
素材删除,如图7-34和图
7-35所示。

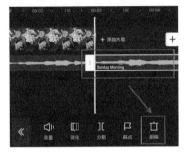

图7-34   图7-35

7.2.7 录制旁白

通过剪映中的"录音"功能,用户可以实时在剪辑项目中完成旁白的录制和编辑工作。在使用
剪映录制旁白前,最好连接上耳麦,有条件的话可以配备专业的录制设备,以提升声音质量。

在剪辑项目中进行录音之前,先在轨道中将时间线定位至音频开始处,然后在未选中素材的

状态下,点击底部工具栏
中的"音频"按钮⬚,在
打开的音频选项栏中点
击"录音"按钮⬚,如图
7-36所示。接着,在打开
的选项栏中,按住红色的
录制按钮⬚即可进行声音
的录制,如图7-37所示。

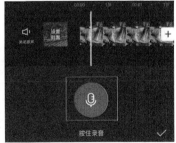

图7-36   图7-37

在按住录制按钮 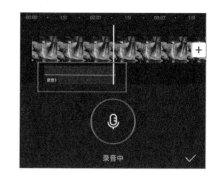 的同时，轨道中将同时生成音频素材，如图7-38所示，此时用户可以根据视频内容录入相应的旁白。完成录制后，释放录制按钮，即可停止录音。点击右下角的 按钮，保存音频素材，之后便可以对音频素材进行音量调整、淡化、分割等操作，如图7-39所示。

图7-38

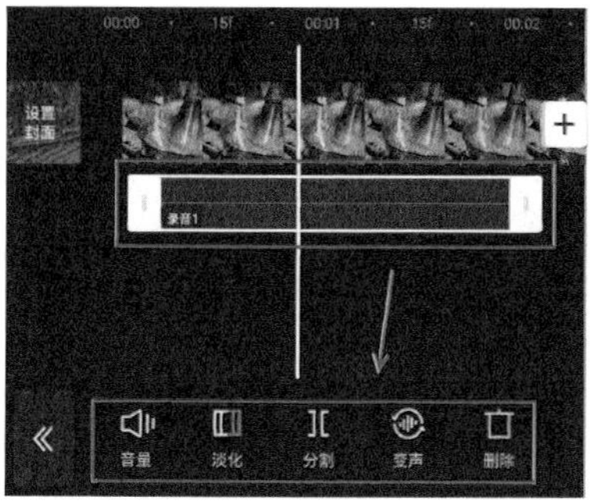

图7-39

7.2.8 音频变声处理

很多平台主播为了提高直播人气，会使用变声软件对声音进行变声处理，搞怪的声音配上幽默的话语，时常能引得观众捧腹大笑。对视频原声进行变声处理，在一定程度上可以强化人物的情绪，对于一些趣味性的短视频来说，音频变声可以很好地放大这类视频的幽默感。

使用"录音"功能完成旁白的录制后，在轨道中选择音频素材，点击底部工具栏中的"变声"按钮 ，如图7-40所示。在打开的变声选项栏中，可以根据实际需求选择声音效果，如图7-41所示。

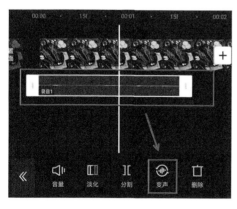

图7-40

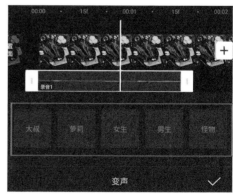

图7-41

7.2.9 音频踩点 难点

音乐踩点视频是如今各大短视频平台上的一种比较热门的视频，通过后期处理，使视频画面的每一次转换都与音乐鼓点相匹配，整个视频特别有节奏感。

剪映这款全能型的短视频剪辑软件，推出了特色"踩点"功能，不仅支持用户手动标记节奏点；还能帮用户快速分析背景音乐，自动生成节奏标记点。

1. 手动踩点

在轨道中添加音乐素材后，选中音乐素材，点击底部工具栏中的"踩点"按钮 ，如图7-42

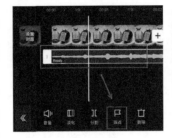

所示。在打开的踩点选项栏中，将时间线定位至需要进行标记的时间点，然后点击"添加点"按钮 +，如图7-43所示。

完成上述操作后，即可在时间线所处位置添加一个黄色的标记，如图7-44所示，如果对添加的标记不满意，点击"删除点"按钮 – 即可将标记删除。

标记点添加完成后，点击 按钮保存操作，此时在轨道中可以看到刚刚添加的标记点，如图7-45所示，根据标记点所处位置可以轻松实现对视频的剪辑，完成音乐踩点视频的制作。

图7-42   图7-43

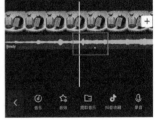

图7-44   图7-45

2. 自动踩点

剪映为用户提供了音乐自动踩点功能，如图7-46所示，一键设置即可在音乐中自动标记节奏点，并可以按照个人喜好选择踩节拍或踩旋律模式，让作品节奏感更强。相较于手动踩点，自动踩点功能更加方便、高效和准确，建议读者使用自动踩点功能来制作音乐踩点视频。

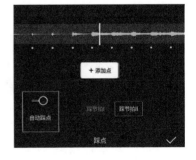

图7-46

练习7-3 制作音乐踩点短视频

难　度：★★★

相关文件：第7章\练习7-3

在线视频：第7章\练习7-3　制作音乐踩点短视频.mp4

　　音乐踩点视频是备受观众喜爱的热门内容，这种视频节奏分明、内容紧凑。下面讲解运用剪映中的自动踩点功能制作音乐踩点短视频的方法。

◁**01** 打开剪映，在主界面点击"开始创作"按钮，如图 7-47 所示。

◁**02** 进入素材添加界面，依次选择 10 个图像素材后，点击"添加"按钮 添加(10)，如图 7-48 所示。

　　　　　图7-47　　　　　　　　　　　图7-48

◁**03** 进入视频编辑界面，可以看到选择的素材依次排列在轨道中，如图 7-49 所示。

◁**04** 将时间线定位至视频起始位置，点击轨道中的"添加音频"按钮，点击底部工具栏中的"音乐"按钮，进入歌单界面，在搜索栏中输入音乐名称进行搜索，搜索到音乐后，点击音乐右侧的"使用"按钮 使用，将素材添加至轨道中，如图 7-50 所示。

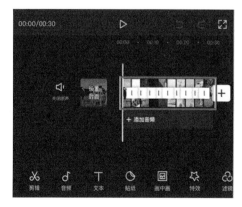 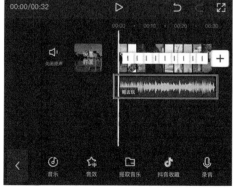

　　　　　图7-49　　　　　　　　　　　图7-50

◁ 05 在轨道中选择音乐素材，然后点击底部工具栏中的"踩点"按钮，如图 7-51 所示。

◁ 06 打开踩点选项栏，激活"自动踩点"选项，然后点击"踩节拍 I"按钮，如图 7-52 所示，完成后点击✓按钮。

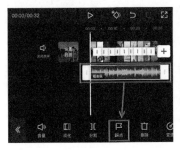

图7-51　　　　　　　　　　　图7-52

◁ 07 此时音乐素材下方会自动生成音乐节奏点标记，将轨道适当放大，便于观察音乐素材上的标记点。接着，选择"1"图像素材，按住素材尾部的 按钮，向左拖动至音频素材的第 1 个标记点位置，如图 7-53 所示。

◁ 08 选择"2"图像素材，按住素材尾部的 按钮，向左拖动至音频素材的第 2 个标记点位置，如图 7-54 所示。

◁ 09 用上述同样的方法，对剩余的图像素材进行调整，使后续素材的尾部与相应的标记点对齐，如图 7-55 所示。

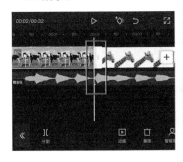

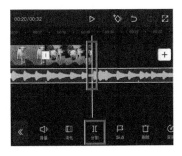

图7-53　　　　　　　　　图7-54　　　　　　　　　图7-55

◁ 10 将时间线定位至视频素材的尾端，然后选择音乐素材，点击底部工具栏中的"分割"按钮 ，如图 7-56 所示。

◁ 11 完成素材的分割后，选择时间线后方的音乐素材，点击底部工具栏中的"删除"按钮 ，如图 7-57 所示，将多余部分删除。

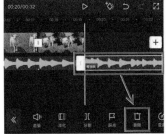

图7-56　　　　　　　　　　图7-57

◁ 12 完成所有操作后，点击视频编辑界面右上角的"导出"按钮 导出 ，将视频导出到手机相册。最终效果如图 7-58 和图 7-59 所示。

图7-58

图7-59

7.3 在爱剪辑中添加音频

爱剪辑为用户提供了一些音频和音效文件，同时支持用户在播放器中下载音乐，导入剪辑项目中进行使用。本节介绍在爱剪辑中对音频素材进行添加及处理的相关操作。

7.3.1 在剪辑项目中添加音频 重点

在爱剪辑中添加视频素材后，在编辑界面的"音频"选项卡中单击"添加音频"按钮♫，在展开的下拉列表中，可根据需求选择"添加音效"或"添加背景音乐"选项，如图7-60所示。之后，在弹出的"请选择一个背景音乐"对话框中，可以自由选择要添加的音频文件，如图7-61所示。

图7-60

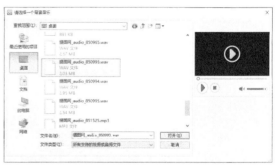
图7-61

进入"预览/截取"对话框，可以对音频片段进行截取操作。完成相关设置后，单击"确定"按钮 确定 ，如图7-62所示。

图7-62

爱剪辑在支持导入各种音乐格式文件的同时，还支持用户提取视频中的音频作为台词或背景音乐。在进行该操作时，用户可以实时预览视频画面，方便快速提取视频某部分的声音（如某句台词）。

7.3.2 调整音频音量

添加完音频素材之后，用户可以对音频音量进行调节，如图7-63所示，左右拖动音量滑块，即可增大或减小音量。爱剪辑的音频音量调整范围为0%~999%，一般添加至剪辑项目的音频素材初始音量为100%，这代表音频处于正常音量。在进行音量调节时，数值越小，声音越小；数值越大，声音越大。

图7-63

7.3.3 添加音频过渡效果

在音频之间添加音频过渡效果（即淡入淡出效果），能够让背景音乐与视频内容更好地融合。在剪辑项目中添加了视频素材和音频素材后，在编辑界面中单击切换到"视频"选项卡，然后在"声音设置"选项中勾选"头尾声音淡入淡出"复选框，如图7-64所示，即可实现音频的淡入淡出效果。

此外，用户也可以选择在编辑界面顶部单击"音频"选项卡，然后在"音频音量"选项中勾选"头尾声音淡入淡出"复选框，如图7-65所示，完成操作后即可为音频设置过渡效果。

图7-64   图7-65

练习7-4 制作音频淡化效果

难　度：★★

相关文件：第7章\练习7-4

在线视频：第7章\练习7-4　制作音频淡化效果.mp4

扫码看视频

下面讲解在爱剪辑中制作音频淡化效果的方法。

◁ **01** 启动爱剪辑，将本例相关素材添加至剪辑项目，如图 7-66 所示。

图7-66

◁ 02 在"音频"选项卡中单击"添加音频"按钮 🎵，然后在下拉列表中选择"添加背景音乐"命令，如图 7-67 所示。

◁ 03 在弹出的"请选择一个背景音乐"对话框中，选择一个音频素材，单击"打开"按钮，如图 7-68 所示。

图7-67

图7-68

◁ 04 在弹出的"预览/截取"对话框中，单击时间进度条上的三角按钮 ⌄，打开时间轴，如图 7-69 和图 7-70 所示。

图7-69

图7-70

◁ 05 将标记拖动到需要进行分割的时间点（通过键盘上的 ↑ 和 ↓ 方向键可以逐帧移动标记，以精准定位时间点），如图 7-71 所示。

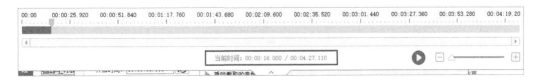

图7-71

◁06 单击视频编辑界面的任意位置,隐藏
时间轴,然后在"预览/截取"对话框中,
单击"截取"选项中"结束时间"选项右侧
的"快速获取当前播放的视频所在的时间点"
按钮 🔄,如图 7-72 所示,此时音频将被
截取。

◁07 单击"预览/截取"对话框中的"确定"
按钮 确定,即可将截取的音频添加到剪辑项
目中,如图 7-73 所示。

◁08 单击视频编辑界面顶部的"音频"选
项卡,然后勾选"音频音量"选项下方的"头
尾声音淡入淡出"复选框,如图 7-74 所示。

图7-73

图7-72　　　　　　　　图7-74

完成设置后,单击"确认修改"按钮,即可完成音频淡化效果的制作。最终效果如图 7-75 所示。

图7-75

7.4 本章小结

　　本章主要以移动端的剪映和PC端的爱剪辑为例,介绍了有关音频素材的一系列基本操作,包括添加、分割、复制与删除、变声、踩点等,并通过案例详细演示了各项功能的具体操作。希望通过本章内容的学习,读者可以掌握短视频音频素材的相关处理操作。

7.5 拓展训练

本节安排了两个拓展训练，以帮助大家巩固本章所学内容。

训练7-1 制作动感音乐踩点视频

分析

本例使用剪映制作一款动感音乐踩点视频。制作难点在于照片切换的时间点需要与音乐的鼓点保持一致，这样制成的效果才更具动感。最终效果如图7-76所示。

难　度：★★★

相关文件：第7章\训练7-1

在线视频：第7章\训练7-1　制作动感音乐踩点视频.mp4

本例知识点

1. 对音乐鼓点的把控

2. 素材片段的裁剪

3. 音乐踩点功能的应用

扫码看视频

图7-76

训练7-2 滑稽短视频音频处理

分析

本例讲解使用爱剪辑处理滑稽音频的操作方法。最终效果如图7-77所示。

难　度：★

相关文件：第7章\训练7-2

在线视频：第7章\训练7-2　滑稽短视

频音频处理.mp4

扫码看视频

图7-77

本例知识点

1. 在视频中添加音频效果

2. 调整音频素材的持续时间

3. 音频素材的基本处理

第8章

实战：用剪映制作短视频

随着抖音短视频的崛起，越来越多的人开始用手机记录日常生活。对于拍摄爱好者来说，抖音提供的后期处理功能已经不足以满足制作需求了，于是抖音团队设计了一款专业的视频后期处理应用——剪映。剪映提供了许多专业的视频处理功能，如画中画、蒙版、剪同款等，这些功能可以让视频制作变得更加简单、高效，也能让视频作品变得更加高级和专业。

教学目标

掌握城市宣传短视频的制作方法

掌握电影风格短视频的制作方法

掌握复古录像带风格短视频的制作方法

掌握美食制作短视频的制作方法

8.1 城市宣传短视频

难　度：★★★★

相关文件：第8章\8.1

在线视频：第8章\8.1　城市宣传短视频.mp4

扫码看视频

本节利用剪映制作城市宣传短视频，这类短视频需要与音乐结合。画面与音乐节奏一起，视频才更加酷炫。

◁01 打开剪映，在主界面中点击"开始创作"按钮⊕，进入素材添加界面，依序选择本例所需的 11 段视频素材，点击"添加"按钮 添加(11)，如图 8-1 和图 8-2 所示。

图8-1　　　　　　图8-2

◁02 在轨道中点击视频素材"IFS"，当视频预览框出现红色线条时，使用双指拖动素材，将视频黑边填满，如图 8-3 和图 8-4 所示。

图8-3　　　　　　图8-4

◁ 03 在轨道中点击选中视频素材"三汊矶大桥""万达广场""橘子洲大桥""长沙摩天轮",按照上述同样的方法将视频尺寸填满,如图 8-5 至图 8-8 所示。

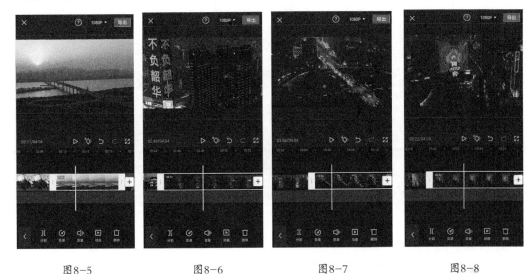

图 8-5   图 8-6   图 8-7   图 8-8

◁ 04 点击按钮 ◁ 返回一级列表,点击"添加音频"按钮 ➕,点击"抖音收藏"按钮 ♪,进入抖音账号收藏的歌单页面,选择"伏拉夫处刑曲",点击音乐右侧的"使用"按钮 使用,将音乐素材添加至剪辑项目,如图 8-9 和图 8-10 所示。

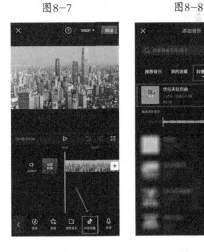

图 8-9   图 8-10

◁ 05 在轨道中拖动时间线到 01:00 处,选中音乐素材,点击"分割"按钮 ⅠⅠ,完成素材分割后,点击"删除"按钮 🗑 将时间线之前的素材删除。按住音乐素材向左拖动,使音乐素材的起始位置与视频起始位置对齐,如图 8-11 至图 8-13 所示。

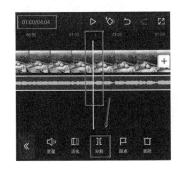 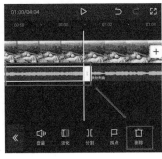 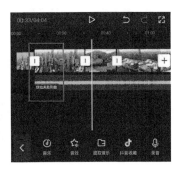

图 8-11   图 8-12   图 8-13

◁ 06 点击按钮◀返回一级列表，在轨道中选中素材"IFS"，点击工具栏中的"变速"按钮◎，点击"常规变速"按钮⤴，将速度设置为"2.3×"，如图 8-14 所示，完成后点击✓按钮。

◁ 07 在轨道中选择第 2 段视频素材"五一大道"，点击工具栏中的"变速"按钮◎，点击"常规变速"按钮⤴，将速度设置为"3.1×"，如图 8-15 所示。按住素材尾部按钮▯，向左拖动，将视频时长控制在 4.3s，如图 8-16 所示。

图8-14

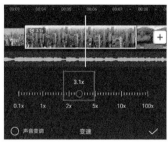
图8-15

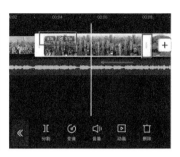
图8-16

◁ 08 使用上一步同样的方法将素材"橘子洲头"调整为"3.9s，2.9×"，将素材"梅溪湖"调整为"4.2s，3.1×"，将素材"贺龙体育馆"调整为"1.8s，8.0×"，将素材"爱晚亭"调整为"2.3s，7.2×"，将素材"三汊矶大桥"调整为"1.6s，3.0×"，将素材"天心阁"调整为"1.9s，8.1×"，将素材"万达广场"调整为"2.2s，3.6×"，将素材"橘子洲大桥"调整为"2.1s"，将素材"长沙摩天轮"调整为"7.1s，5.8×"，如图 8-17 和图 8-18 所示。

◁ 09 在轨道中拖动素材至视频尾部，点击"片尾"素材，点击"删除"按钮▯将其删除，如图 8-19 所示。

图8-17

图8-18

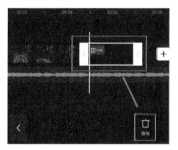
图8-19

◁ 10 在轨道中点击素材添加按钮⊞，点击"素材库"，将"黑场"素材添加至视频尾部，如图 8-20 所示，点击"黑场"素材，将时长调整为 2.3s，如图 8-21 所示。

图8-20   图8-21

◁11 将时间线拖动至素材尾部，在轨道中选中音乐素材，点击"分割"按钮▮，完成分割后，选中后一段素材，点击"删除"按钮▮，如图 8-22 和图 8-23 所示。

◁12 在轨道中选中音乐素材，点击"淡化"按钮▮，设置"淡出时长"为 3s，如图 8-24 所示。

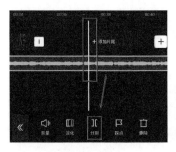

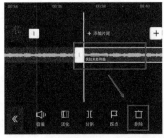

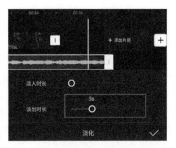

图8-22　　　　　　　　　　图8-23　　　　　　　　　　图8-24

◁13 点击▮按钮返回上一级工具栏，在工具栏中点击"文字"按钮，点击"新建文本"按钮▮，在键盘中输入文字"IFS"，关闭键盘后，将文字字体设置为"新青年体"，样式设置为第 1 个，并在视频预览框中将文字位置移动至右上角，如图 8-25 所示，完成后点击▮按钮。

◁14 在轨道中点击文字素材，按住素材尾部按钮▮，向右拖动至与第 1 段视频素材尾部对齐，如图 8-26 所示。

图8-25　　　　　　　　　　图8-26

◁15 在轨道中选中文字素材，点击"复制"按钮▮，如图 8-27 所示，将复制的素材拖动至"五一大道"视频素材下方并调整为相同时长，如图 8-28 所示。

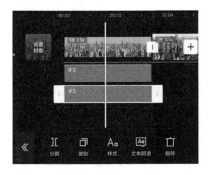

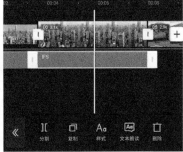

图8-27　　　　　　　　　　图8-28

◁16 双击复制的文字素材，将文字更换为"五一大道"，并在视频预览框中调整好位置，如图 8-29 所示。

◁17 按照上一步的方法复制并修改后面的文字素材，依次为"橘子洲头""梅溪湖""贺龙体育馆""爱晚亭""三汊矶大桥""天心阁""万达广场""橘子洲大桥""长沙摩天轮"，如图 8-30 所示。

◁18 将时间线拖动至视频素材尾部，点击"新建文本"按钮 A+，输入文字"Chang Sha"，在"样式"中将字体设置为"毛笔体"，并用双指调整其大小和位置，如图 8-31 所示。

| 图 8-29 | 图 8-30 | 图 8-31 |

◁19 点击"动画"一栏，将"入场动画"设置为 1.5s，完成后点击 ✓ 按钮，在轨道中将这段文字素材的时长调整为与"黑场"素材相同，如图 8-32 和图 8-33 所示。

◁20 在轨道中选中文字素材"Chang Sha"，点击"复制"按钮 ▣，双击复制的文字素材，将文字修改为"长沙"，并调整好位置，如图 8-34 所示，完成后点击 ✓ 按钮。

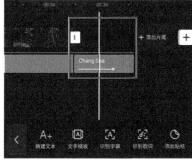

| 图 8-32 | 图 8-33 | 图 8-34 |

◁21 在轨道中选中第2段视频素材"五一大道"，在工具栏中点击"滤镜"按钮🔳，选择"清晰"样式，完成后点击✅按钮，如图8-35所示。

◁22 在轨道中选中视频素材"橘子洲头"，在工具栏中点击"滤镜"按钮🔳，选择"自然"样式，完成后点击✅按钮，如图8-36所示。

 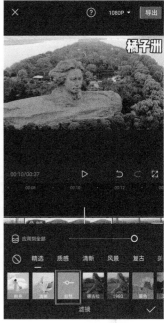

图8-35   图8-36

◁23 使用上述同样的方法将视频素材"梅溪湖"设置为"自然"样式，将"贺龙体育馆"设置为"清晰"样式，将"爱晚亭"设置为"自然"样式，将"三汊矶大桥"设置为"暗夜"样式，如图8-37至图8-40所示，完成后点击✅按钮。

图8-37   图8-38   图8-39   图8-40

◁24 点击◀按钮返回上一级工具栏，在轨道中点击素材与素材交接处的转场按钮🔲，打开转场页面，点击选择"运镜转场"中的"推近"效果，并点击"应用到全部"按钮🗂，如图8-41和图8-42所示，完成后点击✅按钮。

◁25 完成所有操作后，点击视频编辑界面右上角的"导出"按钮 导出 ，将视频导出到手机相册。最终
效果如图 8-43 和图 8-44 所示。

图8-41

图8-42

图8-43

图8-44

8.2 电影风格短视频

难　度：★★★★

相关文件：第8章\8.2

在线视频：第8章\8.2　电影风格短视频.mp4

扫码看视频

本节利用剪映中具有代表性的一些
功能，制作一款电影风格短视频。电影
风格短视频是指视频画幅与电影相似，
顶部与底部留有黑边，画面色调复古。

◁01 打开剪映，在主界面中点击"开始
创作"按钮 + ，进入素材添加界面，依
序选择本例所需的 3 段视频素材，点击
"添加"按钮 添加(3) ，如图 8-45 和图
8-46 所示。

图8-45

图8-46

◁ 02 在轨道中选中第1段素材，将时间线拖动到00:02位置，如图8-47所示，点击"分割"按钮🎛️，选中后一段素材，点击"删除"按钮🗑️，如图8-48所示。

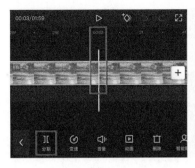

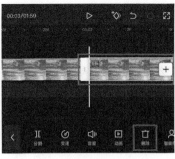

图8-47　　　　　　　　　　图8-48

◁ 03 用同样的方法，将第2段素材剪辑至5s，第3段素材剪辑至15s，使整段视频时长控制在15秒，如图8-49和图8-50所示。

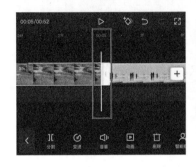

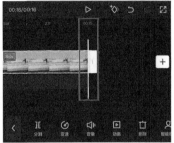

图8-49　　　　　　　　　　图8-50

◁ 04 将时间线定位至素材起始位置，在轨道中点击"添加音频"按钮，点击"音乐"按钮🎵，进入剪映歌单界面，如图8-51和图8-52所示。

◁ 05 点击"我的收藏"选项，进入音乐选择列表，选择"春日漫游"，点击音乐右侧的"使用"按钮 使用，将音乐素材添加至剪辑项目，如图8-53所示。

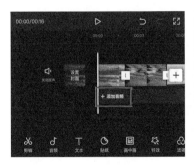

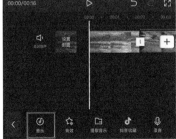

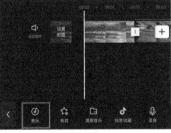

图8-51　　　　　　　图8-52　　　　　　　图8-53

◁ 06 将轨道适当放大，然后将时间线定位至 20f 位置，选中音乐素材，点击"分割"按钮∐，完成素材分割后，将时间线之前的素材删除，如图 8-54 和图 8-55 所示。向左拖动素材，使音乐素材的起始位置与视频起始位置保持一致，如图 8-56 所示。

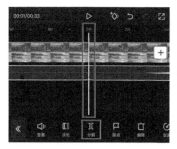 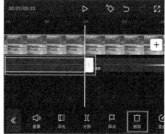 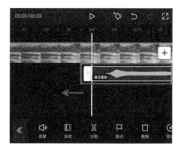

图8-54   图8-55   图8-56

◁ 07 将时间线定位至视频素材的尾端，然后选择音乐素材，点击底部工具栏中的"分割"按钮∐，如图 8-57 所示。完成素材分割后，选择时间线后的音乐素材，点击底部工具栏中的"删除"按钮∎，将选中的素材删除，如图 8-58 所示，此时音频素材将与视频素材长度保持一致。

图8-57   图8-58

◁ 08 点击◁按钮返回上一级工具栏，点击底部工具栏中的"比例"按钮▣，将画面尺寸设置为 4:3，如图 8-59 所示，在画面顶部和底部增加黑条，完成操作后，返回上一级工具栏。

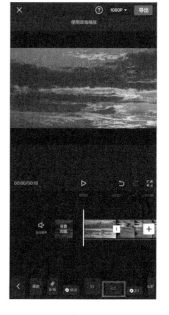

图8-59

◁09 在工具栏中点击"滤镜"按钮🖼️，在列表中选择"敦刻尔克"滤镜样式，并将滤镜强度调整为70，如图8-60所示，完成后点击✅按钮。

◁10 在轨道中选中滤镜素材，按住素材尾部按钮🔲，向右拖动到视频结尾处，如图8-61所示，即可为全段视频加上滤镜。

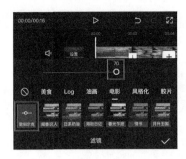
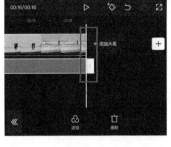

图8-60　　　　　　　　　　图8-61

◁11 依次点击返回二级列表按钮《和返回一级列表按钮《，回到一级工具栏。将时间线定位至素材起始位置，在工具栏中点击"特效"按钮🌟，将"基础"效果中的"开幕"特效添加至剪辑项目，如图8-62所示，完成后点击✅按钮。

◁12 在轨道中选中滤镜素材，按住素材尾部按钮🔲，向左拖动至视频00:01处，如图8-63所示。

◁13 点击返回一级列表按钮《，回到一级工具栏。将时间线定位至素材起始位置，点击工具栏中的"文字"按钮🅃，然后点击"新建文本"按钮🅰️，输入文字，如图8-64所示。

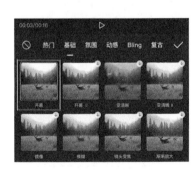
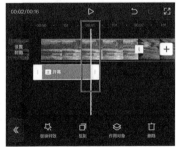

图8-62　　　　　　　　　图8-63　　　　　　　　　图8-64

◁14 关闭键盘，在"样式"中将文字的字体改为"玩童体"，将透明度调整为70%，如图8-65所示。点击"动画"选项，选择"入场动画"中的"渐显"效果，并调整动画速度为1.0s，如图8-66所示，完成后点击✅按钮。

◁15 用双指在视频预览区中将文字缩小，并移动到画面底部，居中摆放，如图8-67所示。

图8-65　　　　　　　　　　图8-66　　　　　　　　　　图8-67

◁16 在轨道中选中文字
素材，按住素材首部按钮▯
并向右拖动到视频 00：02
处；然后按住素材的尾部
按钮▯，拖动素材至 00：04
处，如图 8-68 和图 8-69
所示。

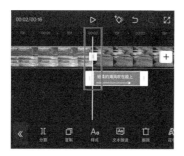
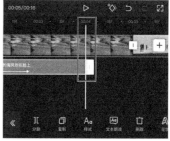

图8-68　　　　　　　　　　图8-69

◁17 用同样的方法，在
视频中添加第 2 段文字素
材，使其与第 1 段文字无
缝衔接，并调整其时长为
2.0s，如图 8-70 所示。

◁18 用同样的方法，在视
频中添加第 3 段文字素材，
使其与第 2 段文字无缝衔接，
并调整其时长为 2.0s，如图
8-71 所示。

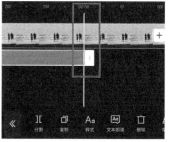

图8-70　　　　　　　　　　图8-71

◁19 用同样的方法，在视频中添加第4段文字素材，然后在"动画"选项中，将素材"入场动画"中的"渐显"特效的速度更改为1.0，将素材"出场动画"中的"渐隐"特效的速度更改为2.0，如图8-72和图8-73所示。

◁20 将第4段文字素材与第3段文字无缝衔接，并拖动第4段文字素材的尾部按钮▯至视频结束位置，如图8-74所示。

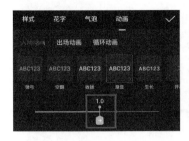
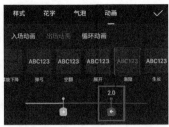

图8-72   图8-73   图8-74

◁21 完成所有操作后，点击视频编辑界面右上角的"导出"按钮 导出，将视频导出到手机相册。最终效果如图8-75和图8-76所示。

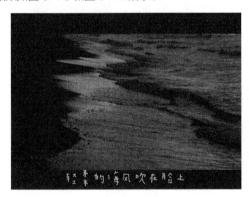

图8-75   图8-76

8.3 复古录像带风格短视频

难　度：★★★★

相关文件：第8章\8.3

在线视频：第8章\8.3　复古录像带风格短视频.mp4

扫码看视频

复古录像带风格视频在抖音上越来越受欢迎，这种类型的视频是将画面制作成模糊的录像机效果，让视频看起来有年代感。

◁01 打开剪映，在主界面中点击"开始创作"按钮 ➕，进入素材添加界面，依序选择本例所需的6段视频素材，点击"添加"按钮 添加(6)，如图8-77和图8-78所示。

◁ 02 在轨道中选中视频素材"1"，点击工具栏中的"变速"按钮 ⦿，点击"常规变速"按钮 ∠，将速度设置为"1.5×"，如图 8-79 所示，完成后点击 ✓ 按钮。

◁ 03 按住素材尾部按钮 ⫿，向左拖动，将视频时长控制在 3.0s，如图 8-80 所示。

图 8-77　　　　　　图 8-78　　　　　　图 8-79　　　　　　图 8-80

◁ 04 按照上述方法将视频素材"2"调整为"3.0s，1.6×"，将视频素材"3"调整为"2.4s"，将视频素材"4"调整为"2.9s"，将视频素材"5"调整为"5.6s，2.0×"，将视频素材"6"调整为"9.0s"，如图 8-81 至图 8-83 所示。

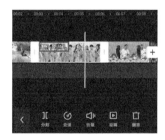 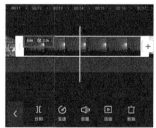 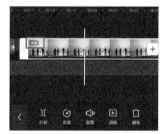

图 8-81　　　　　　　　　图 8-82　　　　　　　　　图 8-83

◁ 05 在轨道中选中第 1 段素材，在工具栏中点击"滤镜"按钮 ⦿，选择"港风"滤镜样式，如图 8-84 和图 8-85 所示，完成后点击 ✓ 按钮。

 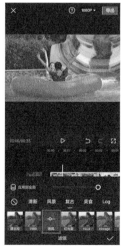

图 8-84　　　　　　图 8-85

◁06 按照上一步的方法，将视频素材"2"调整为"1980"滤镜样式，将视频素材"3"调整为"港风"滤镜样式，将视频素材"4"调整为"1980"滤镜样式，如图 8-86 至图 8-88 所示。继续用同样的方法，将视频素材"5"调整为"德古拉"滤镜样式，将视频素材"6"调整为"1980"滤镜样式，完成后点击✓按钮。

图8-86

图8-87

图8-88

◁07 点击返回上一级按钮◁，回到上一级工具栏，将时间线拖动至视频素材首部，在工具栏中点击"特效"按钮，在"复古"一栏中点击使用"DV 录制框"样式，完成后点击✓按钮，如图 8-89 和图 8-90 所示。

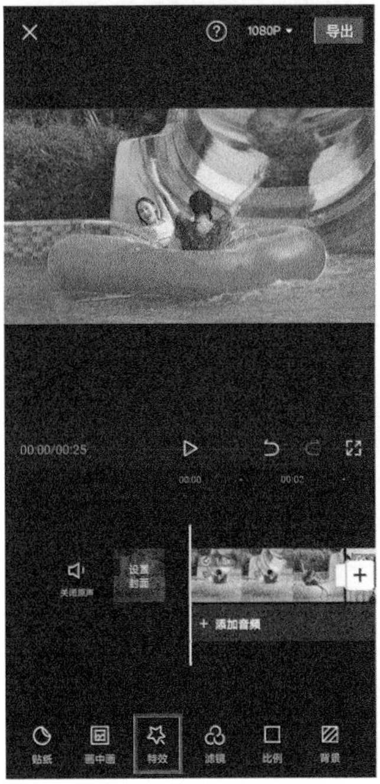

图8-89

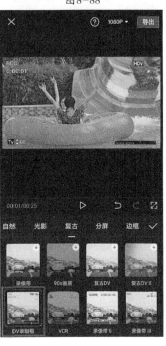
图8-90

◁ 08 在轨道中选中素材 "DV录制框"，按住素材尾部按钮▯并向右拖动到视频尾部，如图8-91和图8-92所示。

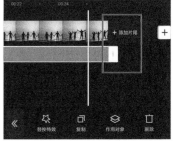

图8-91 图8-92

◁ 09 将时间线拖动至视频素材首部，点击"新增特效"按钮✿，在"复古"一栏中点击使用"荧幕噪点"样式，点击✔按钮，在轨道中选中素材"荧幕噪点"，按住素材尾部按钮▯并向右拖动到视频尾部，如图8-93至图8-95所示。

图8-93 图8-94 图8-95

◁ 10 点击返回二级列表按钮《，将时间线拖动至视频素材"6"首部，点击"新增特效"按钮✿，选择"基础"一栏中的"变清晰"效果，点击✔按钮即可将其添加至轨道中，按住素材尾部按钮▯并向右拖动到视频尾部，如图8-96和图8-97所示。

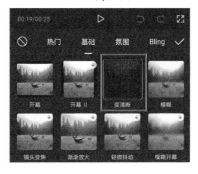
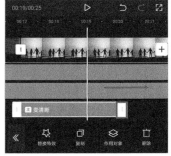

图8-96 图8-97

◁11 依次点击返回二级列表按钮 ⟨⟨ 和返回一级列表按钮 ⟨，回到一级工具栏。点击"添加音频"按钮，点击"音乐"按钮 🎵，进入剪映歌单界面，点击搜索框，输入文字"第一天"并搜索，选择歌曲"第一天 - 五月天"，点击音乐名称右侧的"使用"按钮 使用 ，将音乐素材添加至剪辑项目，如图 8-98 和图 8-99 所示。

图8-98   图8-99

◁12 在轨道中将时间线拖动至视频素材尾部，选中音乐素材，点击"分割"按钮 Ⅱ ，完成素材分割后，将时间线之后的音乐素材删除，如图 8-100 和图 8-101 所示。

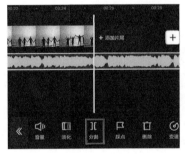
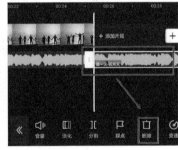

图8-100   图8-101

◁13 将时间线拖动至 00:10 15f 处，在工具栏中点击"音效"按钮，选择"手机"一栏中的"智能手机拍照"音效，点击"使用"按钮 使用 将其添加至轨道中，如图 8-102 和图 8-103 所示。

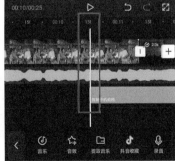

图8-102   图8-103

◁14 点击返回一级列表按钮 ⟨，在工具栏中点击"文字"按钮 T ，点击"识别歌词"按钮 🎵，点击"开始识别"，识别完成后轨道中将会出现字幕，如图 8-104 和图 8-105 所示。

◁15 将时间线拖动至 00:18 位置，双击字幕素材，将歌词改为"爱是腾空的魔幻"，如图 8-106 所示。

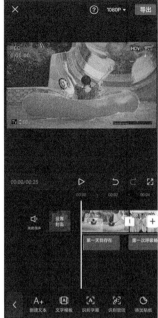

图8-104

图8-105

图8-106

◁16 关闭键盘后,将文
字字体更换为"港风繁
体",选择第 3 个文字样
式,点击 ✓ 按钮,在视
频预览区中使用双指将文
字适当放大并居中,如图
8-107和图8-108所示。

图8-107

图8-108

◁17 完成所有操作后,点击视频编辑界面右上角的"导出"按钮 导出 ,将视频导出到手机相册。视频
效果如图 8-109 和图 8-110 所示。

图8-109 图8-110

8.4 美食制作短视频

难　度：★★★★

相关文件：第8章\8.4

在线视频：第8章\8.4　美食制作短视频.mp4

扫码看视频

美食制作短视频是很多人记录生活的一种方式，不仅能展示自己的手艺，也可以让观众学习美食的制作。

◁ 01 打开剪映，在主界面中点击"开始创作"按钮 ，进入素材添加界面，依序选择本例所需的13段视频素材，点击"添加"按钮 添加 (13) ，如图 8-111 和图 8-112 所示。

图8-111 图8-112

◁ 02 在轨道中选中视频素材"1"，点击工具栏中的"变速"按钮 ，点击"常规变速"按钮 ，将速度设置为 2.0×，如图 8-113 所示，完成后点击 按钮。

◁ 03 按住素材尾部按钮 ，向左拖动，将视频时长控制在 4.9s，如图 8-114 所示。

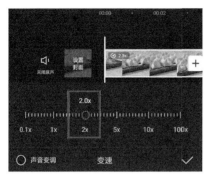

图 8-113　　　　　　　　　　　　　　　　图 8-114

◁ 04 按照上述方法将视频素材"2"调整为"3.0s，2.2×"，将视频素材"3"调整为"5.0s，3.3×"，将视频素材"4"调整为"3.7s，3.2×"，将视频素材"5"调整为"4.4s，3.2×"，将视频素材"6"调整为"6.4s，2.2×"，将视频素材"7"调整为"2.0×"，将视频素材"8"调整为"4.5s，2.4×"，将视频素材"9"调整为"4.1s，1.8×"，将视频素材"10"调整为"2.9s，1.9×"，将视频素材"11"调整为"3.1s，2.2×"，将视频素材"12"调整为"2.0s，3.3×"，将视频素材"13"调整为"7.0s，1.9×"。

◁ 05 将时间线拖动至视频素材首部，在工具栏中点击"特效"按钮，在"基础"一栏中点击使用"开幕"样式，点击✓按钮将其添加至轨道中，如图 8-115 所示。

◁ 06 在轨道中选中素材"开幕"，按住素材尾部按钮并向右拖动到视频素材"1"尾部，如图 8-116 所示。

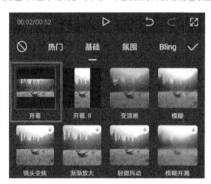
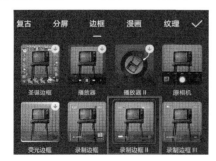

图 8-115　　　　　　　　　　　　　　　　图 8-116

◁ 07 将时间线拖动至视频素材"2"首部，点击"新增特效"按钮，在"边框"一栏中点击使用"录制边框Ⅱ"样式，完成后点击✓按钮，在轨道中选中素材"录制边框Ⅱ"，按住素材尾部按钮并向右拖动到视频尾部，如图 8-117 和图 8-118 所示。

图 8-117　　　　　　　　　　　　　　　　图 8-118

◁08 依次点击返回二级列表按钮《和返回一级列表按钮《，回到一级工具栏。在工具栏中点击"文字"按钮T，点击"新建文本"按钮A+，输入文字"冬至"，关闭键盘后，将文字字体更换为"柳公权"，如图 8-119 所示。

◁09 点击"动画"一栏，将"入场动画"设置为"渐显"，时间为 2.0s，将"出场动画"设置为"渐隐"，时间为 0.6s，完成后点击✓按钮，如图 8-120 和图 8-121 所示。

图 8-119   图 8-120   图 8-121

◁10 使用双指在预览区适当放大并调整位置，在轨道中点击文字素材"冬至"，按住素材尾部按钮▯并向右拖动至与视频素材"1"尾部对齐，如图 8-122 所示。

◁11 点击"复制"按钮▣，双击复制的文字素材，将文字更换为"包饺子vlog"，将字体改为"木头人"，选择第 4 个文字样式，在"气泡"一栏选择"中华美食"样式点击使用，然后使用双指在视频预览区调整其大小和位置，如图 8-123 和图 8-124 所示。

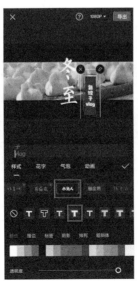

图 8-122   图 8-123   图 8-124

◁12 将时间线拖动至视频素材"2"首部，
点击"新建文本"按钮 ，输入文字"剁肉
馅儿"，关闭键盘后，将文字字体调整为"丝
绸之路"，选择第 2 种样式，并用双指在视
频预览区中调整文字大小和位置，完成后点
击 按钮，如图 8-125 和图 8-126 所示。

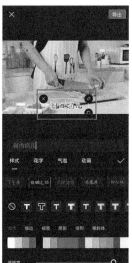

图8-125　　　　　　　　图8-126

◁13 选中文字素材"剁肉馅儿"，点击"复制"按钮 □，双击复制的文字素材，将文字改为"和馅儿"，
将这一文字素材移动至视频素材"3"下面并首尾对齐，使用同样的方法添加文字"和面"并与视频素材"4"
对齐，添加文字"揉面"与视频素材"5"对齐，添加文字"切剂子"与视频素材"6"对齐，添加文字"擀
皮"与视频素材"7"对齐，添加文字"包饺子"与视频素材"8""9"对齐，添加文字素材"水开下锅"
与视频素材"10"对齐，添加文字"饺子全部浮起"与视频素材"11"对齐，添加文字"捞出饺子"与
视频素材"12"对齐，添加文字"蘸酱"与视频素材"13"对齐，如图 8-127 和图 8-128 所示。

图8-127　　　　　　　　图8-128

◁14 点击返回一级列表按钮 ，点击"添加音频"按钮，点击"音乐"按钮 ，进入剪映歌单界面，点击搜索框，输入文字"舌尖上的中国"并搜索，选择第 3 首歌曲，点击音乐右侧的"使用"按钮 ，将音乐素材添加至剪辑项目，如图 8-129 所示。

◁15 在轨道中将时间线拖动至视频素材尾部，选中音乐素材，按住素材尾部的 按钮并向左拖动，使其与视频尾部对齐，如图 8-130 和图 8-131 所示。

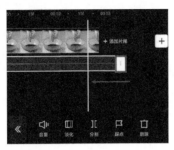

| 图8-129 | 图8-130 | 图8-131 |

◁16 完成所有操作后，点击视频编辑界面右上角的"导出"按钮 ，将视频导出到手机相册。最终效果如图 8-132 和图 8-133 所示。

| 图8-132 | 图8-133 |

8.5 本章小结

　　本章主要使用移动端的剪映制作短视频，讲解了城市宣传短视频、电影风格短视频、复古录像带风格短视频、美食Vlog短视频的制作方法。通过本章内容的学习，读者可以掌握剪映制作短视频作品的技巧和方法，并能结合自身创意创作出更多具有个人风格的短视频作品。

8.6 拓展训练

本节安排了两个拓展训练，以帮助大家巩固本章所学内容。

训练8-1 制作特效短视频

分析

本例使用剪映来制作一款热门的特效短视频。最终效果如图8-134所示。

难　度：★

相关文件：第8章\训练8-1

在线视频：第8章\训练8-1　制作特效短视频.mp4

本例知识点

1. 在视频中添加特效

2. 调整特效持续时长

扫码看视频

图8-134

训练8-2 制作倒计时旅游踩点视频

分析

　　本例使用剪映制作一款倒计时踩点视频。制作踩点视频的难点在于对音乐节奏的把控，在制作过程中需要具备足够的耐心，仔细辨别音乐的起伏点。最终效果如图8-135所示。

难　度：★★★

相关文件：第8章\训练8-2

在线视频：第8章\训练8-2　制作倒计时旅游踩点视频.mp4

本例知识点

1. 为视频添加字幕

2. 调整视频切换的时间点

扫码看视频

图8-135

第 9 章

实战：用爱剪辑制作短视频

Premiere Pro、After Effects这类视频编辑软件功能虽然强大，但需要花费较多的时间去学习，学习难度较大，并不适合没有基础的新手用户。广大新手用户或讲求剪辑效率的用户更希望使用功能全面、操作简便的剪辑软件来更快地完成作品的创作。本章介绍剪辑功能强大且操作简单的PC端剪辑软件——爱剪辑的使用技巧，以满足用户的制作需求。

教学目标

掌握制作企业特效短视频的方法
掌握制作宠物店推广短视频的方法
掌握制作美食展示短视频的方法

9.1 企业特效短视频

爱剪辑操作简单，内置丰富的特效样式，在剪辑功能上也与传统的剪辑软件有所不同，凭借着简易的操作深受零基础用户的喜爱。本节使用爱剪辑来制作一款企业特效短视频。

难　度：★★★★
相关文件：第9章\9.1
在线视频：第9章\9.1　企业特效短视频.mp4

扫码看视频

1. 导入与修剪视频

◁ 01 启动爱剪辑，弹出"新建"对话框，设置视频大小，并选择项目存储的临时目录，如图9-1所示，完成后单击"确定"按钮 确　定 。

图9-1

◁ 02 在编辑界面中单击"添加视频"按钮 ，如图9-2所示，在弹出的"请选择视频"对话框中选择视频素材，在对话框右侧可以预览素材，完成选择后，单击"打开"按钮，如图9-3所示。

图9-2

图9-3

◁ 03 此时软件将弹出"预览/截取"对话框，如图9-4所示，在"截取"选项中可以对视频素材进行剪辑。

◁ 04 在"预览/截取"对话框的时间进度条上，单击箭头按钮 ，打开时间轴，如图9-5和图9-6所示。

图9-4

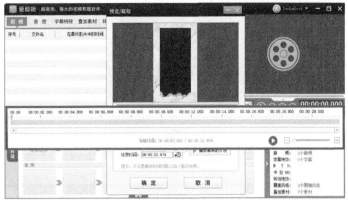

图9-5 图9-6

◁ 05 将黄色标记拖动到需要分割的时间点附近，通过键盘上的 ↑ 或 ↓ 方向键，可以逐帧调整标记，使其定位至精确时间点，如图 9-7 所示。

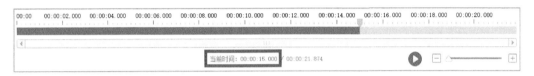

图9-7

◁ 06 单击"预览/截取"对话框"截取"选项卡中"结束时间"右侧的"快速获取当前播放的视频所在的时间点"按钮 ，使"结束时间"为 00:00:15.000，如图 9-8 所示，单击"确定"按钮 确定 ，即可剪辑视频。

图9-8

2．添加叠加素材

◁ 01 在视频预览区中的时间轴上，将时间进度条定位到视频的初始位置，然后单击顶部的"叠加素材"选项卡，在侧边栏中单击"加贴图"选项，如图 9-9 和图 9-10 所示。

图9-9

图9-10

◁ 02 单击"添加贴图"按钮🔧，或双击视频预览画面打开"选择贴图"对话框，单击"添加贴图至列表"
按钮，可将素材添加至列表中，然后选择一款贴图，单击"确定"按钮 ▢确定，如图9-11和图9-12所示，
即可将其添加至预览区中。

图9-11   图9-12

◁ 03 在视频预览区中单击贴图，在"常用特效"中选择"淡入淡出（淡入＋淡出）"效果，在"贴图设置"
选项卡设置"持续时长"为3秒，"透明度"为0%，然后将贴图摆放在画面正中间，如图9-13所示。

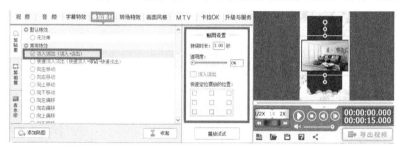

图9-13

◁ 04 将时间进度条定位到00：00：03.000位置，用上述方法，添加第2张贴图。

◁ 05 将时间进度条定位到00：00：06.000位置，添加第3张贴图，继续用相同的方法添加第4张、第
5张贴图，效果如图9-14至图9-17所示。

图9-14   图9-15   图9-16   图9-17

3. 添加字幕

◁ 01 在编辑界面顶部单击"字幕特效"选项卡，然后在视频预览区的时间轴上，将时间进度条定位到视频初始位置，如图 9-18 所示。

图9-18

◁ 02 在视频预览画面中双击，将弹出文字编辑对话框，在对话框中输入文字"长沙家居节"，完成后单击"确定"按钮 **确定** ，如图 9-19 所示。

◁ 03 添加完成的字幕将会显示在视频预览画面中，如图 9-20 所示。

◁ 04 在视频预览区中单击文字素材，在"字体设置"选项卡中调整字体及素材的位置，如图 9-21 和图 9-22 所示。

图9-19   图9-20   图9-21   图9-22

◁ 05 在视频预览区中单击文字素材，在"字幕特效"选项卡下的"出现特效"列表中选择"缓慢放大出现"效果，如图 9-23 所示。

◁ 06 在"特效参数"选项卡中设置素材的出现时长为 2 秒，停留时长为 11 秒，消失时长为 2 秒，如图 9-24 所示。

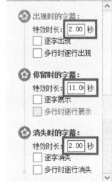

图9-23   图9-24

07 使用上述方法，添加第 2 段文字素材和第 3 段文字素材，效果如图 9-25 和图 9-26 所示。

图9-25   图9-26

4. 添加画面风格

01 在编辑界面顶部单击"画面风格"选项卡，然后在"美化"列表中双击"明净通透"效果，如图 9-27 所示。

02 在弹出的"选取风格时间段"对话框中，单击"确定"按钮 　确 定　，如图 9-28 所示，即可为整段视频更换风格。

图9-27   图9-28

5. 视频导出

单击视频预览区右下角的"导出视频"按钮 ，在弹出的"导出设置"对话框中设置"片头特效""导出格式""导出路径"等，完成设置后，单击"导出视频"按钮，如图 9-29 至图 9-31 所示，即可将视频导出至相应文件夹。最终效果如图 9-32 和图 9 33 所示。

图9-29　　　　　　　　　　图9-30　　　　　　　　　　图9-31

图9-32　　　　　　　　　图9-33

9.2 宠物店推广短视频

本节使用爱剪辑软件来制作一款宠物店推广短视频。

难　　度：★★★★

相关文件：第9章\练习9.2

在线视频：第9章9.2　宠物店推广短视频.mp4

扫码看视频

1. 导入并修剪视频

◁ 01 启动爱剪辑，弹出"新建"对话框，设置视频大小，并选择项目存储的临时目录，如图9-34所示，完成后单击"确定"按钮 　确定　。

◁ 02 在编辑界面中单击"添加视频"按钮 ，如图

图9-34　　　179

9-35 所示，在弹出的"请选择视频"对话框中选择"背景素材"，对话框右侧可以对素材进行预览，完成选择后，单击"打开"按钮，如图 9-36 所示。

图9-35　　　　　　　　　　　　　　　　　　图9-36

◁ 03 此时软件将弹出"预览 / 截取"对话框，在"预览 / 截取"对话框的时间进度条上，单击箭头按钮▭，打开时间轴，如图 9-37 和图 9-38 所示。

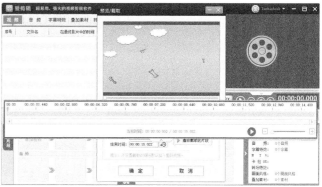

图9-37　　　　　　　　　　　　　　　　　　图9-38

◁ 04 将黄色标记拖动到需要分割的 00∶00∶15.000 附近，通过键盘上的↑或↓方向键，逐帧调整标记，使其定位至精确时间点，如图 9-39 所示。

图9-39

◁ 05 单击"预览 / 截取"对话框"截取"选项卡中"结束时间"右侧的"快速获取当前播放的视频所在的时间点"按钮🕘，使"结束时间"为00∶00∶15.000，如图 9-40 所示，单击"确定"按钮　确 定　，即可剪辑视频。

图9-40

2. 添加叠加素材

◁ 01 在视频预览区的时间轴上，将时间进度条定位到视频的初始位置，然后单击顶部的"叠加素材"选项卡，在侧边栏中单击"加贴图"选项，如图 9-41 所示。

图9-41

◁ 02 单击"添加贴图"按钮 😊，单击"添加贴图至列表"按钮 ➕，将文件夹中的素材添加至软件列表，如图 9-42 所示，然后选择贴图"标题"，单击"确定"按钮 ⬛确定⬛，将其添加至预览区，如图 9-43 所示。

图9-42

图9-43

◁ 03 在视频预览区单击贴图，在"常用特效"中选择"向左反弹"效果，在"贴图设置"选项区设置"持续时长"为 5 秒，"透明度"为 0%，然后在视频预览区调整贴图的大小和位置，如图 9-44 和图 9-45 所示。

图9-44

图9-45

◁ 04 将时间进度条定位到视频的初始位置，添加第 2 张贴图"小狗"，在"常用特效"中选择"向下反弹"效果，在"贴图设置"选项区设置"持续时长"为 5 秒，"透明度"为 0%，然后在视频预览区调整贴图的大小和位置，如图 9-46 和图 9-47 所示。

图9-46   图9-47

◁ 05 右击第 2 张贴图，单击"复制对象"，按快捷键 Ctrl+V 将贴图粘贴到视频预览区，然后移动贴图到合适的位置，如图 9-48 所示。

图9-48

◁ 06 双击复制的贴图素材，打开"选择贴图"对话框，点击贴图"小猫"将其替换，在视频预览区调整贴图的位置和大小，如图 9-49 和图 9-50 所示。

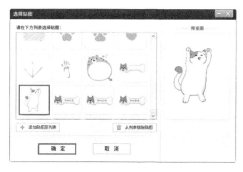

图9-49   图9-50

◁ 07 单击"添加贴图"按钮 ，添加"宠物玩具"贴图，在"常用特效"中选择"波动"效果，在"贴图设置"选项区设置"持续时长"为 5 秒，"透明度"为 0%，然后在视频预览区调整贴图的大小和位置，如图 9-51 和图 9-52 所示。

图9-51   图9-52

◁08 右击贴图，单击"复制对象"，按快捷键 Ctrl+V 将贴图粘贴到视频预览区，然后移动贴图到合适的位置，双击复制的贴图素材，打开"选择贴图"对话框，单击贴图"宠物衣服"将其替换，在视频预览区调整贴图的位置和大小，如图 9-53 所示。

◁09 使用上述同样的方法，添加贴图"宠物零食""宠物美容""宠物医药""宠物寄养"等，完成后效果如图 9-54 所示。

图9-53   图9-54

◁10 将时间进度条定位到 00:00:05.000 位置，添加"对话框"贴图，在"常用特效"中选择"向上移动"效果，在"贴图设置"选项区设置"持续时长"为 2 秒，"透明度"为 0%，然后在视频预览区调整贴图的大小和位置，如图 9-55 和图 9-56 所示。

图9-55   图9-56

◁11 单击"添加贴图"按钮 ，添加"小花"贴图，在"贴图设置"选项区设置"持续时长"为 2 秒，"透明度"为 0%，然后在视频预览区中将贴图的位置移动至画面右侧，如图 9-57 和图 9-58 所示。

图9-57　　　　　　　　　　　　　　　　　　图9-58

◁12 复制"对话框"贴图，将时间进度条定位到00:00:07.000位置，粘贴贴图，然后单击"添加贴图"按钮 🖼️，添加"奔奔"贴图，在"贴图设置"选项区设置"持续时长"为2秒，"透明度"为0%，然后在视频预览区中将贴图的位置移动至画面右侧，如图9-59和图9-60所示。

图9-59　　　　　　　　　　　　　　　　　　图9-60

◁13 将时间进度条定位到00:00:09.000位置，粘贴"对话框"贴图，然后单击"添加贴图"按钮 🖼️，添加"旺财"贴图，在"贴图设置"选项区设置"持续时长"为2秒，"透明度"为0%，然后在视频预览区中将贴图的位置移动至画面右侧，如图9-61和图9-62所示。

图9-61　　　　　　　　　　　　　　　　　　图9-62

◁14 将时间进度条定位到00:00:11.000位置，粘贴"对话框"贴图，然后单击"添加贴图"按钮 🖼️，添加"毛毛"贴图，在"贴图设置"选项区设置"持续时长"为2秒，"透明度"为0%，然后在视频预览区中将贴图的位置移动至画面右侧，如图9-63和图9-64所示。

图9-63

图9-64

◁15 将时间进度条定位到 00:00:13.000 位置,粘贴"对话框"贴图,然后单击"添加贴图"按钮 ,添加"咪咪"贴图,在"贴图设置"选项区设置"持续时长"为 2 秒,"透明度"为 0%,然后在视频预览区中将贴图的位置移动至画面右侧,如图 9-65 和图 9-66 所示。

图9-65

图9-66

◁16 将时间进度条定位到 00:00:05.000 位置,添加"脚印 1"贴图,在"常用特效"中选择"发光"效果,在"贴图设置"选项区设置"持续时长"为 10 秒,"透明度"为 0%,然后在视频预览区中调整贴图的大小和位置,如图 9-67 和图 9-68 所示。

图9-67

图9-68

◁17 使用同样的方法在视频中添加"脚印 2""脚印 3""脚印 4""脚印 5"贴图,效果如图 9-69 所示。

图9-69

◁18 将时间进度条定位到00:00:05.000位置，添加贴图"猫咪边框"，在"贴图设置"选项区设置"持续时长"为10秒，"透明度"为0%，然后在视频预览区中调整贴图的大小和位置，如图9-70和图9-71所示。

图9-70

图9-71

◁19 在"所有叠加素材"面板中单击"小花"贴图，使其位置、大小与"猫咪对话框"贴图重合，如图9-72和图9-73所示。

图9-72

图9-73

◁20 分别单击"奔奔""旺财""毛毛""咪咪"贴图，调整大小和位置，完成后效果如图9-74至图9-77所示。

图9-74

图9-75

图9-76

图9-77

3. 添加字幕

◁ 01 在编辑界面顶部单击"字幕特效"选项卡，然后在视频预览区的时间轴上，将时间进度条定位到视频 00:00:05.000 位置，如图 9-78 所示。

◁ 02 双击视频预览区空白处，弹出文字编辑对话框，输入文字"小花"，完成后单击"确定"按钮 确定，如图 9-79 所示。

图9-78

图9-79

187

◁ 03 在视频预览区单击文字素材，在"字幕特效"选项卡中的"出现特效"列表中选择"旋转放大出现"效果，在"字体设置"选项卡中调整字体、大小及素材的颜色，如图 9-80 所示。

◁ 04 在"特效参数"选项卡中设置素材的出现时长为 0.5 秒，停留时长为 1 秒，消失时长为 0.5 秒，如图 9-81 所示。

图9-80　　　　　　　　　　　　　　　　　　图9-81

◁ 05 在视频预览区调整文字素材的大小和位置，如图 9-82 所示。

◁ 06 右击文字素材"小花"，单击"复制对象"。将时间进度条定位到视频 00:00:07.000 位置，按快捷键 Ctrl+V 将文字粘贴到视频预览区，如图 9-83 所示，双击复制的文字素材，打开"输入文字"对话框，将文字更换为"奔奔"，如图 9-84 所示。

图9-82　　　　　　　　　　图9-83　　　　　　　　　　图9-84

◁ 07 将时间进度条定位到视频 00:00:09.000 位置，粘贴文字素材，双击复制的文字素材，打开"输入文字"对话框，将文字更换为"旺财"，如图 9-85 所示。

◁ 08 将时间进度条定位到视频 00:00:11.000 位置，粘贴文字素材，双击复制的文字素材，打开"输入文字"对话框，将文字更换为"毛毛"，如图 9-86 所示。

◁ 09 将时间进度条定位到视频 00:00:13.000 位置，粘贴文字素材，双击复制的文字素材，打开"输入文字"对话框，将文字更换为"咪咪"，如图 9-87 所示。

图9-85　　　　　　　　　　图9-86　　　　　　　　　　图9-87

4. 添加背景音乐

◁ 01 在编辑界面顶部单击"音乐"按钮，然后在视频预览区的时间轴上，将时间进度条定位到视频初始位置，如图 9-88 所示。

◁ 02 单击"添加音频"按钮 ♬，单击"添加背景音乐"，在"请选择一个背景音乐"对话框中打开素材文件夹，选择"背景音乐"素材，单击"打开"按钮，如图 9-89 所示。

图9-88

图9-89

◁ 03 在弹出的"预览/截取"对话框中，单击时间进度条上的三角按钮 ⬇，打开时间轴，将标记拖动到 00:00:15.000 处，如图 9-90 所示。

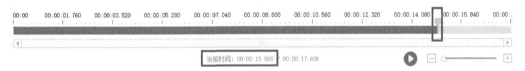

图9-90

◁ 04 单击视频编辑界面的任意位置，隐藏时间轴，然后在"预览/截取"对话框中，单击"截取"选项中"结束时间"选项右侧的"快速获取当前播放的视频所在的时间点"按钮 ⏪，单击"预览/截取"对话框中的"确定"按钮 确定 ，如图 9-91 所示，即可将截取的音频添加到剪辑项目。

图9-91

5. 视频导出

单击视频预览区右下角的"导出视频"按钮 ➡，在弹出的"导出设置"对话框中设置视频的"片头特效""导出格式""导出路径"等，完成设置后，单击"导出视频"按钮，如图 9-92 至图 9-94 所示，即可将视频导出至相应文件夹。最终效果如图 9-95 和图 9-96 所示。

图9-92

图9-93

图9-94

图9-95

图9-96

9.3 美食展示短视频

本节使用爱剪辑制作一款美食展示短视频。

难　度：★★★★

相关文件：第9章\9.3

在线视频：第9章\9.3　美食展示短视频.mp4

扫码看视频

1. 导入并修剪视频

◁01 启动爱剪辑，弹出"新建"对话框，设置视频大小，并选择项目存储的临时目录，如图 9-97 所示，完成后单击"确定"按钮 [确定]。

图9-97

◁ 02 在编辑界面中单击"添加视频"按钮，如图 9-98 所示，在弹出的"请选择视频"对话框中选择"白幕视频（1分钟）"，单击"打开"按钮，如图 9-99 所示。

图9-98   图9-99

◁ 03 此时软件将弹出"预览/截取"对话框，在"截取"选项卡中对视频素材进行剪辑，在"预览/截取"对话框的时间进度条上，单击箭头按钮，如图 9-100 所示，打开时间轴。

图9-100

◁ 04 将黄色标记拖动到需要分割的 00:00:15.000 附近，通过键盘上的↑或↓方向键，逐帧调整标记，使其定位至精确时间点，如图 9-101 所示。

图9-101

◁ 05 单击"预览/截取"对话框"截取"选项卡中"结束时间"右侧的"快速获取当前播放的视频所在的时间点"按钮，使"结束时间"为 00:00:15.000，如图 9-102 所示，单击"确定"按钮，即可剪辑视频。

图9-102

2. 添加叠加素材

◁ **01** 在视频预览区的时间轴上，将时间进度条定位到视频的初始位置，然后单击顶部的"叠加素材"选项卡，在侧边栏中单击"加贴图"选项，如图9-103所示。

图9-103

◁ **02** 单击"添加贴图"按钮 📷，单击"添加贴图至列表"按钮，添加对应文件夹中的素材，如图9-104所示，然后选择贴图"四季餐饮"，单击"确定"按钮 确定 ，即可将其添加至预览区，如图9-105所示。

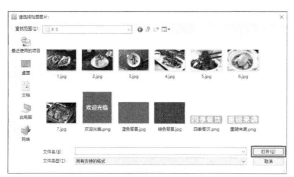

图9-104

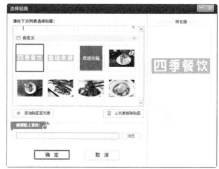

图9-105

◁ **03** 在视频预览区中单击贴图，在"常用特效"中选择"向右反弹"效果，在"贴图设置"选项区设置"持续时长"为2秒，"透明度"为0%，然后在视频预览区调整贴图的大小和位置，如图9-106和图9-107所示。

图9-106

图9-107

◁ **04** 使用上述方法添加贴图"重磅来袭"，在"常用特效"中选择"向左反弹"效果，在"贴图设置"选项区设置"持续时长"为2秒，"透明度"为0%，然后在视频预览区调整贴图的大小和位置，如图9-108和图9-109所示。

| 图9-108 | 图9-109 |

◁ 05 将时间进度条定位到 00:00:02.000 位置，单击"添加贴图"按钮 ⊕，添加"蓝色背景"贴图，在"常用特效"中选择"垂直翻出"效果，在"贴图设置"选项区设置"持续时长"为 2 秒，"透明度"为 0%，在视频预览区将贴图覆盖整个画面，如图 9-110 和图 9-111 所示。

| 图9-110 | 图9-111 |

◁ 06 单击"添加贴图"按钮 ⊕，添加贴图"1"，在"常用特效"中选择"向右移动"效果，在"贴图设置"选项区设置"持续时长"为 2 秒，"透明度"为 0%，然后在视频预览区调整贴图的大小和位置，如图 9-112 和图 9-113 所示。

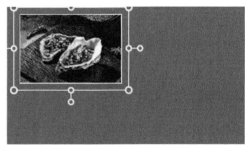

| 图9-112 | 图9-113 |

◁ 07 单击"添加贴图"按钮 ⊕，添加贴图"2"，在"常用特效"中选择"向左移动"效果，在"贴图设置"选项区设置"持续时长"为 2 秒，"透明度"为 0%，然后在视频预览区调整贴图的大小和位置，如图 9-114 和图 9-115 所示。

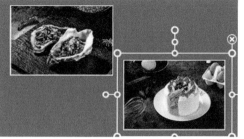

图9-114 图9-115

◁ **08** 将时间进度条定位到 00:00:04.000 位置，单击"添加贴图"按钮 ，添加"蓝色背景"贴图，在"常用特效"中选择"水平翻出"效果，在"贴图设置"选项区设置"持续时长"为 2 秒，"透明度"为 0%，在视频预览区将贴图覆盖整个画面，如图 9-116 和图 9-117 所示。

图9-116 图9-117

◁ **09** 单击"添加贴图"按钮 ，添加贴图"3"，在"常用特效"中选择"向右移动"效果，在"贴图设置"选项区设置"持续时长"为 2 秒，"透明度"为 0%，然后在视频预览区调整贴图的大小和位置，如图 9-118 和图 9-119 所示。

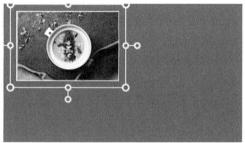

图9-118 图9-119

◁ **10** 单击"添加贴图"按钮 ，添加贴图"4"，在"常用特效"中选择"向左移动"效果，在"贴图设置"选项区设置"持续时长"为 2 秒，"透明度"为 0%，然后在视频预览区调整贴图的大小和位置，如图 9-120 和图 9-121 所示。

图9-120 图9-121

◁11 将时间进度条定位到 00:00:06.000 位置，单击"添加贴图"按钮 ⚙，添加"绿色背景"贴图，在"常用特效"中选择"水平翻出"效果，在"贴图设置"选项区设置"持续时长"为 1 秒，"透明度"为 0%，在视频预览区将贴图覆盖整个画面，如图 9-122 和图 9-123 所示。

图9-122 图9-123

◁12 将时间进度条定位到 00:00:07.000 位置，单击"添加贴图"按钮 ⚙，添加"绿色背景"贴图，在"贴图设置"选项区设置"持续时长"为 8 秒，"透明度"为 0%，如图 9-124 所示，在视频预览区将贴图覆盖整个画面。

图9-124

◁13 将时间进度条定位到 00:00:06.000 位置，单击"添加贴图"按钮 ⚙，添加贴图"5"，在"常用特效"中选择"向左扫出"效果，在"贴图设置"选项区设置"持续时长"为 2 秒，"透明度"为 0%，然后在视频预览区调整贴图的大小和位置，如图 9-125 和图 9-126 所示。

图9-125   图9-126

◁14 将时间进度条定位到00:00:08.000位置，单击"添加贴图"按钮 ，添加贴图"6"，在"常用特效"中选择"向右扫出"效果，在"贴图设置"选项区设置"持续时长"为2秒，"透明度"为0%，然后在视频预览区调整贴图的大小和位置，如图9-127和图9-128所示。

图9-127   图9-128

◁15 将时间进度条定位到00:00:10.000位置，单击"添加贴图"按钮 ，添加贴图"7"，在"常用特效"中选择"向左扫出"效果，在"贴图设置"选项区设置"持续时长"为2秒，"透明度"为0%，然后在视频预览区调整贴图的大小和位置，如图9-129和图9-130所示。

图9-129   图9-130

◁16 将时间进度条定位到00:00:12.000位置，单击"添加贴图"按钮 ，添加贴图"欢迎光临"，在"常用特效"中选择"向右扫出"效果，在"贴图设置"选项区设置"持续时长"为2秒，"透明度"为0%，然后在视频预览区调整贴图的大小和位置，如图9-131和图9-132所示。

图9-131

图9-132

3. 添加字幕

◁ 01 在编辑界面顶部单击"字幕特效"选项卡，然后在视频预览区的时间轴上，将时间进度条定位到视频00:00:02.000位置，如图9-133所示。

◁ 02 双击视频预览区空白处，弹出文字编辑对话框，输入文字"美味"，完成后单击"确定"按钮 [确 定]，如图9-134所示。

图9-133

图9-134

◁ 03 在视频预览区单击文字素材，在"字幕特效"选项卡中的"出现特效"列表中，选择"常用滚动类"分类下的"向上偏移（反弹）"效果，在"字体设置"选项卡中调整字体、大小及素材的颜色，如图9-135所示。

◁ 04 在"特效参数"选项卡中，设置素材的出现时长为1.8秒，停留时长为0.1秒，消失时长为0.1秒，如图9-136所示。

图9-135

图9-136

◁ 05 在视频预览区调整文字素材的大小和位置，如图9-137所示。

◁ 06 右击文字素材，将其复制，按快捷键Ctrl+V粘贴，在视频预览区调整粘贴文字素材的位置，如图9-138所示。

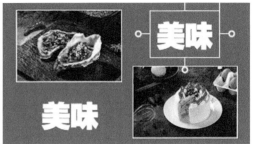

图9-137   图9-138

◁ 07 在"字幕特效"选项卡的"出现特效"列表中，选择"常用滚动类"分类下的"向下偏移（反弹）"效果，并双击文字素材，在弹出的"输入文字"对话框中将文字修改为"新品"，如图 9-139 和图 9-140 所示。

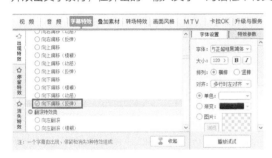

图9-139   图9-140

◁ 08 将时间进度条定位到视频 00:00:04.000 位置，粘贴文字素材，双击复制的文字素材，打开"输入文字"对话框，将文字更换为"半价"，如图 9-141 所示。

图9-141

◁ 09 再次粘贴文字素材，双击复制的文字素材，打开"输入文字"对话框，将文字更换为"优惠"，如图 9-142 所示，然后在"字幕特效"选项卡的"出现特效"列表中，选择"常用滚动类"分类下的"向下偏移（反弹）"效果，如图 9-143 所示。

图9-142   图9-143

4. 添加背景音乐

◁ 01 在编辑界面顶部单击"音乐"按钮,然后在视频预览区的时间轴上,将时间进度条定位到视频初始位置,如图 9-144 所示。

图9-144

◁ 02 单击"添加音频"按钮 ♫,单击"添加背景音乐",在"请选择一个背景音乐"对话框中打开素材文件夹,选择"背景音乐"素材,单击"打开"按钮,如图 9-145 所示。

图9-145

◁ 03 在弹出的"预览/截取"对话框中,单击时间进度条上的三角按钮 ,打开时间轴,将标记拖动到 00:00:15.000 处,如图 9-146 所示。

图9-146

◁ 04 单击视频编辑界面的任意位置,隐藏时间轴,然后在"预览/截取"对话框中单击"截取"选项中"结束时间"选项右侧的"快速获取当前播放的视频所在的时间点"按钮 ,然后单击"预览/截取"对话框中的"确定"按钮,如图 9-147 所示,即可将截取的音频添加到剪辑项目。

图9-147

5. 视频导出

单击视频预览区右下角的"导出视频"按钮，在弹出的"导出设置"对话框中设置视频的"片头特效""导出格式""导出路径"等，完成设置后，单击"导出视频"按钮，如图9-148至图9-150所示，即可将视频导出至相应文件夹。最终效果如图9-151和图9-152所示。

图9-148

图9-149

图9-150

图9-151

图9-152

9.4 本章小结

本章讲解了使用爱剪辑制作不同类型短视频作品的方法。本章案例制作的企业特效短视频、宠物店推广短视频和美食展示短视频等，都是常见且典型的短视频类别，希望能够为广大剪辑爱好者提供一定的创作思路。

9.5 拓展训练

本节安排了两个拓展训练，以帮助大家巩固本章所学内容。

训练9-1 制作企业招聘类短视频

分析

本例使用爱剪辑制作一款企业招聘类短视频。通过添加字幕、设置动画效果等，使视频更加有吸引力。最终效果如图9-153所示。

难　度：★★★

相关文件：第9章\训练9-1

在线视频：第9章\训练9-1　制作企业招聘类短视频.mp4

本例知识点

1. 在视频中添加字幕
2. 在视频中添加动画效果

扫码看视频

图9-153

训练9-2 制作婚礼邀请短视频

分析

本例使用爱剪辑制作一款婚礼邀请短视频。通过添加贴纸、文字效果及背景音乐来修饰视频。最终效果如图9-154所示。

难　度：★★★

相关文件：第9章\训练9-2

在线视频：第9章\训练9-2　制作婚礼邀请短视频.mp4

本例知识点

1. 添加与调整贴图
2. 添加文字效果

扫码看视频

图9-154

附 录

常用短视频软件介绍

附录部分为读者简单介绍常用的各种短视频拍摄及处理软件，以及软件的获取、软件特点及操作难易程度等，希望能够帮助读者对不同的制作软件有一个初步的认识，并能以此内容为参考，选择适合自己的短视频制作软件。

附录A 美图秀秀

1. 概述

美图公司以"让每个人都能简单变美"为口号，围绕"美"创造了一系列产品，如美图秀秀、美颜相机、美拍、美图宜肤及美图魔镜等。

美图秀秀是一款广受欢迎的图片处理软件，在摄影图像类应用的下载量中保持领先，目前已从单一的图片处理工具，转型为以让用户变美为核心的社区平台。

2. 获取和安装

美图秀秀官网提供了Android版、iOS版、Windows版、iPad版、Windows Phone版等，如图A-1所示，在计算机打开浏览器输入"美图秀秀"并搜索，进入官网界面后可选择所需版本进行下载和安装。

图A-1

手机用户可以直接打开应用商店，在商店搜索栏中输入"美图秀秀"，搜索到相关App后进行安装即可，如图A-2所示。

图A-2

3. 特点和优势

　　美图秀秀的"人像美容"修图功能是软件的一大亮点。在美图秀秀的修图界面中，可以看到针对面部修复处理的工具非常多，无论是针对面部的"磨皮"功能，还是用于五官调整的"面部重塑"功能、"美妆"功能等，都可以快速、有效地改善人像的不足，如图A-3所示。

　　美图秀秀不仅具备强大的修图功能，还为用户提供了拍摄功能和视频剪辑功能，不管是照片还是视频，用美图秀秀都可以轻松拍摄与处理，如图A-4所示。

图A-3　　　　　　　　　　　　　　　　　图A-4

4. 难易程度★★

　　虽然美图秀秀的功能多，但操作起来并不复杂，大多数工具配有操作滑块，无须复杂操作，左右拖动滑块即可调节应用强度，如图A-5所示。

　　此外，"瘦脸瘦身"和"祛斑祛痘"等精修工具，可以让人物面部或身形更加完美。这类工具的操作也很简单，只要设置合适的画笔大小，然后用手指在图片上点击即可，如图A-6所示。

图A-5　　　　　　　　　　　　　图A-6

5. 使用美图秀秀制作短视频封面图

短视频的封面是最先吸引人眼球的亮点，好的封面图不仅需要有文字点明视频主题，还要利用人物或贴图装饰画面，这是目前热门的一种短视频封面类型。

扫码看视频

下面利用美图秀秀制作短视频封面图，具体操作如下。

◁01 选择想要放在封面图上的人物照片，如图 A-7 所示。

◁02 在手机上安装并启动美图秀秀，在主界面中点击"图片美化"功能，如图 A-8 所示。

图A-7   图A-8

◁03 在打开的相册界面中选择第1张图片，进入图片美化界面，在下方工具栏中点击"抠图"按钮⊗，此时软件将开启"一键抠图"功能，点击图中的人物即可将人像抠出，如图 A-9 所示。

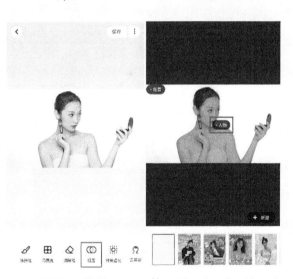

图A-9

◁ 04 如果图片边缘不够细致，点击抠图选区，在方框右下方点击手指按钮，即可进入手动抠图界面，如图 A-10 所示。

◁ 05 抠取完成后，点击下方的"描边"选项，选择第 2 个描边样式，完成后点击对象方框左上角的按钮⊡，在展开的列表中选择"存为贴纸"选项，如图 A-11 所示，将抠出的图像存为贴纸。

◁ 06 打开第 2 张图片，用同样的方法抠出人像，然后点击"描边"选项，为人物加上边框。接着，点击下方的"背景"选项，为照片换个背景，并调整好位置，如图 A-12 所示，完成之后点击✔按钮。

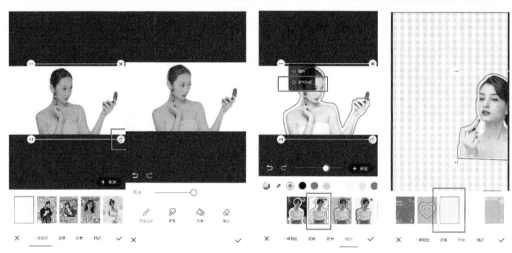

图A-10   图A-11   图A-12

◁ 07 拖动下方工具栏，点击"编辑"按钮⊡，将图片的裁剪尺寸设置为 4∶3，如图 A-13 所示，点击✔按钮，完成画面裁切。

◁ 08 拖动下方工具栏，点击"贴纸"功能，将之前添加的人像贴纸粘贴在图片上，在图片上再添加一些贴纸作为装饰，如图 A-14 所示，完成之后点击✔按钮。

图A-13   图A-14

◁ 09 在工具栏中点击"文字"按钮Ⓣ，点击"会话气泡"选项，在列表中选择一款合适的气泡样式并将其添加到图片中，如图 A-15 所示。

◁ 10 在"更多素材"选项里提供了更多的气泡样式。点击需要的"会话气泡"样式，更换为与视频主题相关的文字，如图 A-16 所示，完成后点击✓按钮。

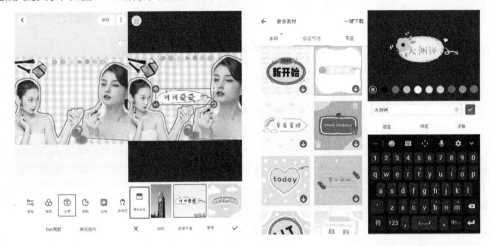

图 A-15　　　　　　　　　　　　　　　　图 A-16

◁11 在文字界面中，点击右下角的✓按钮，然后点击右上角的"保存"按钮 保存，即可将图像保存至手机相册，如图 A-17 所示。最终效果如图 A-18 所示。

图 A-17

图 A-18

附录B 剪映

1. 概述

　　剪映是抖音官方推出的手机视频编辑工具，可用于手机短视频的剪辑制作与发布。剪映剪辑功能全面，有丰富的曲库资源、模板，专业的视频处理工具（如画中画、蒙版、踩点、去水印、特效制作、倒放、变速等），以及大量专业的风格滤镜、视频特效、精选贴纸，让用户制作的视频更有趣，让视频看上去更专业。

2. 获取和安装

　　剪映为手机移动端视频编辑应用，目前提供了Android版和iOS版。Android用户在打开手机应用商店后，在应用搜索框中输入"剪映"，即可下载安装软件，如图B-1所示。iOS用户则可以在App Store中搜索并进行下载安装。

图B-1

3. 特点和优势

　　剪映的特点是剪辑功能齐全，有多种特效和转场，在众多手机剪辑软件中已经达到了专业级别。剪映还拥有抖音专属乐库，抖音平台中的热门背景音乐可以一键应用到剪辑项目，当视频剪辑完成后，能够一键发布到抖音短视频平台和西瓜视频平台，如图B-2所示。

图B-2

剪映软件内置的特效样式多且实用，如图B-3所示，使用这些特效能够让视频更加具有吸引力。

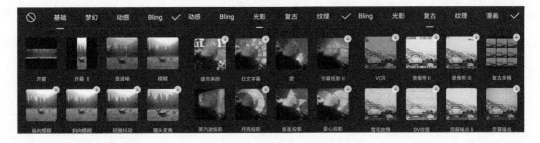

图B-3

4. 难易程度★★

剪映操作简单，对于剪辑新手而言上手较快。剪映提供了"功能引导"教程，重点功能提供了操作讲解视频，如图B-4所示。

图B-4

附录C VUEVlog

1. 概述

VUEVlog最初的定位是一款短视频拍摄与剪辑应用，近年来随着Vlog文化的普及，越来越多的用户开始用视频记录自己的日常生活，VUEVlog也开始慢慢转型为致力于Vlog原创并提供分享的平台。

VUEVlog目前是视频拍摄、编辑工具，也是原创Vlog短视频平台，VUEVlog提供海量的音乐、贴纸、边框、字体、滤镜、转场等样式，拥有专业的原创Vlog社区，旨在让众多Vlogger分享自己的Vlog日记。

2. 获取和安装

  VUEVlog作为手机端的应用软件，为用户提供了Android版和iOS版。Android用户只需在手机应用商店搜索"VUEVlog"，即可进行下载安装，如图C-1所示。iOS用户可在App Store中进行搜索和安装。

图C-1

3. 特点和优势

  VUEVlog内置的电影式画幅及颇具质感的滤镜是其一大特色，其包含多种电影滤镜，如图C-2所示，可以帮助用户轻松营造电影感画面。

4. 难易程度★★

  VUEVlog的剪辑界面干净简洁，分为边框、贴纸、文字、分段、剪辑和音乐6个功能模块，每个模块中有对应的工具，如图C-3所示，这些功能及工具分工明确，上手简易，对于新用户非常友好。

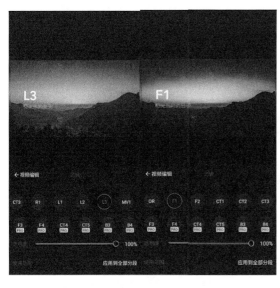

图C-2   图C-3

5. 使用VUEVlog打造美食记录短片

  下面使用VUEVlog打造一个美食记录短片，具体操作如下。

扫码看视频

◁ **01** 打开 VUEVlog，在首页点击◙按钮，接着点击"剪辑"按钮✂，添加本例所需的 6 段美食视频，进入编辑界面，软件将默认启用"分段"功能界面，如图 C-4 所示。

图C-4

◁ **02** 点击第 1 段素材，在工具栏中点击"截取"按钮▣，拖动黄色滑块将视频截取至 3.9s。点击右下角的"下一段"按钮，使用同样的方法将第 2 段素材截取至 3.7s，如图 C-5 所示。

◁ **03** 用同样的方法，将第 3 段素材时长调整为 2.1s，第 4 段素材时长调整为 2.0s，第 5 段素材时长调整为 1.9s，第 6 段素材时长调整为 1.4s，调整完成后点击右上角的◪按钮，此时的素材分布效果如图 C-6 所示。

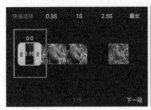
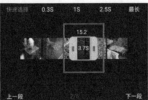

图C-5

图C-6

◁ **04** 点击两段素材之间的➕按钮，然后点击底部的"转场效果"按钮▣，在列表中选择"缩放"效果▣，点击"编辑"按钮✎，设置"转场时长"为中，如图 C-7 所示。

图C-7

◁ **05** 完成设置后，点击右下角的"应用到全部分段"按钮，完成操作后，点击左上角的"返回"按钮←返回，如图 C-8 所示，将转场效果应用到所有片段之间。

图C-8

◁ 06 在视频预览框左边点击"画幅"按钮□，将视频的尺寸设置为9∶16，并将视频背景设置为透明，如图 C-9 所示。

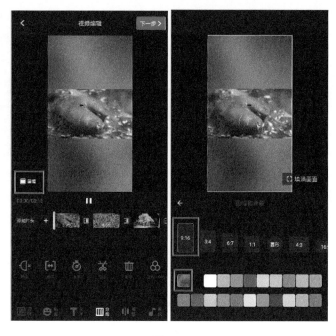

图C-9

◁ 07 点击█按钮，回到上一级工具栏，点击底部的"文字"按钮█，然后点击"大字"按钮█，双击预览框中的文本框，输入文本"深夜食堂"，然后选择一款文字样式，并点击字体选项更换合适的字体，如图 C-10 所示。

图C-10

◁ 08 点击屏幕右下角的"下一段"按钮，为第 2 段素材添加文字。然后使用同样的方法，为每一段素材添加文字，效果如图 C-11 所示。

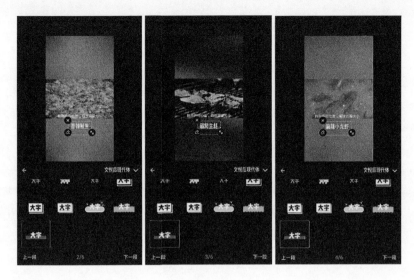

图 C-11

◁ 09 在工具栏中点击"音乐"按钮 🎵,在轨道中点击"点击添加音乐"按钮,然后点击"我的音乐",进入"我的音乐"界面,点击"使用"按钮 使用,将准备好的音乐素材添加进剪辑项目,如图 C-12 所示。

图 C-12

◁ 10 完成所有操作后,点击右上角的"下一步"按钮,编辑视频标题和文案,编辑完成后点击"保存并发布"按钮,即可将视频保存至手机相册。最终效果如图 C-13 所示。

图 C-13

附录D InShot

1. 概述

InShot是一款视频编辑和幻灯片制作软件，该软件属于增强版的简易视频编辑应用，包含剪切、画布、滤镜、音乐、贴纸、速度、背景、文本、旋转、翻转等功能，拥有多种动画贴纸，可以让视频画面不再单调，让视频更加有趣。

2. 获取和安装

InShot提供了Android版和iOS版，Android用户可在应用商店搜索并进行下载安装，如图D-1所示。iOS用户可在App Store中搜索并进行下载安装。

图D-1

3. 特点和优势

InShot最突出的特点是其提供的转场及音效功能，如图D-2所示，该软件提供的转场及音频效果种类丰富，而且都很实用，能满足日常生活中大部分的创作需求。

InShot软件为用户提供了大量动画贴纸，并且大多数都可以免费使用，如图D-3所示，对于经常制作Vlog视频的人来说，贴纸素材是必不可少的。

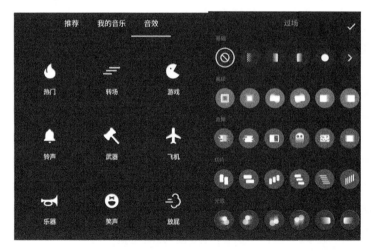

图D-2

图D-3

4．难易程度★★

InShot软件的视频编辑界面与其他剪辑软件类似，功能分布明确，各项剪辑操作简易，如图D-4所示，对于剪辑新手来说并不复杂。

图D-4

5．使用InShot制作色彩卡点视频

下面讲解使用InShot制作色彩卡点音乐视频。在制作此类视频之前，需要准备红、黄、蓝、紫、绿、粉、黑、白等不同色系的图像或视频素材。在视频的编辑处理过程中，通过画面颜色、背景颜色、音乐节奏和歌词的相互呼应，可以制作出精彩的色彩卡点音乐视频。

扫码看视频

◁ 01 打开 InShot，在主功能界面中点击"视频"按钮，新建一个视频项目，将所需的 12 个视频素材导入InShot，如图 D-5 所示。这里需要注意的是，素材要按照红、黄、蓝、紫、绿、粉、黑、白的颜色顺序及图片的名称编号顺序导入。

◁ 02 在时间轴中，点击第 1 段视频素材，然后在功能界面中点击"预剪切"按钮，如图 D-6 所示。

◁ 03 打开"剪辑"设置界面，拖动滑块将素材时长调整为 1.2 秒，如图 D-7 所示，然后点击列表右上角的按钮，将时长设置应用到素材片段。

图D-5

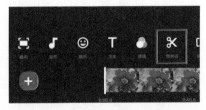

图D-6

图D-7

◁ 04 用上述方法，将第 2 段素材时长调整为 1.3 秒，第 3 段素材时长调整为 1.2 秒，第 4 段素材时长调整为 1 秒，第 5 段素材时长调整为 0.8 秒，第 6 段素材时长调整为 0.5 秒，第 7 段素材时长调整为 0.5 秒，第 8 段素材时长调整为 0.7 秒，第 9 段素材时长调整为 0.6 秒，第 10 段素材时长调整为 0.4 秒，第 11 段素材时长调整为 0.6 秒，第 12 段素材时长调整为 0.5 秒，调整完成后的素材分布效果如图 D-8 所示。

图D-8

◁ 05 将时间线拖动到素材起始位置，在下方的功能列表中点击"画布"按钮，在展开的画布样式列表中选择比例为 9:16 的画布，如图 D-9 所示。

◁ 06 完成上述操作后，点击"应用于所有片段"按钮，然后点击"应用于所有"选项，如图 D-10 所示，完成操作后，选择的 9:16 画布比例将应用到所有素材片段。

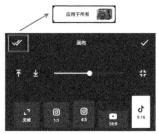

图D-9 　　　　　　　图D-10

◁ 07 将时间线拖动到第 1 段素材上方，在下方的功能列表中点击"背景"按钮，如图 D-11 所示。
◁ 08 打开"背景"设置界面，点击"颜色"选项栏中的红色色块，如图 D-12 所示。
◁ 09 点击右上角的按钮，将红色应用于图像背景，效果如图 D-13 所示。

图D-11

图D-12 　　　　　图D-13

◁ 10 将时间线拖动到第 2 段图像素材上方，在下方的功能列表中点击"背景"按钮，接着在打开的"背景"设置界面中，点击"颜色"选项栏中的黄色色块，如图 D-14 所示。
◁ 11 点击右上角的按钮，将黄色应用于图像背景，效果如图 D-15 所示。
◁ 12 用同样的方法，对应图片的名称（即图片对应的色调），为每一段图像添加对应的背景颜色。

◁13 为 12 段素材添加颜色背景后，将时间线拖动到素材起始位置，在下方的功能列表中点击"文本"按钮**T**，输入文本"RED"，并将文本移动到画面右上角，如图 D-16 所示。这里文本的颜色为白色，字体为默认字体，大家可以根据自己的喜好在文本设置界面中调整文字的属性。

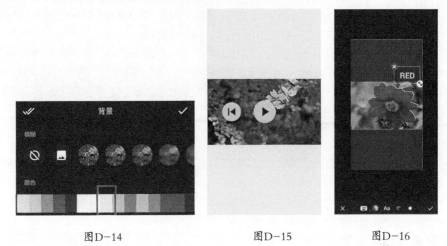

图D-14   图D-15   图D-16

◁14 完成文字的设置后，点击☑按钮。接着，向左拖动文本素材的尾端，使其与第 1 段素材的尾端对齐，如图 D-17 所示。

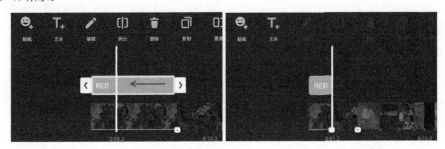

图D-17

◁15 完成第 1 组文本素材的添加和调整后，在文本素材时长调整界面，点击"文本"按钮**T**，然后输入文本"YELLOW"，添加一个新文本，并将其摆放至画面左下角，然后将文本素材的首尾与第 2 段图像素材的首尾对齐，如图 D-18 所示。

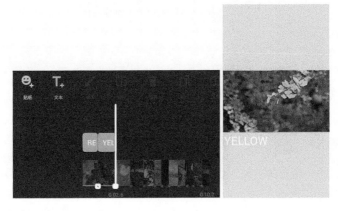

图D-18

◁16 用上述方法，为剩下的 10 段图像素材添加文字，完成操作后素材的排列效果如图 D-19 所示。

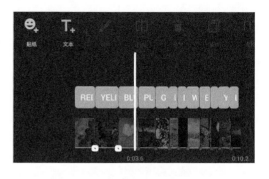

图 D-19

◁17 点击视频编辑界面右上角的"保存"按钮，将视频导出到本地相册。

◁18 打开抖音，在主界面下方点击"新建"按钮⊞，进入抖音的拍摄界面，点击右下角的"相册"选项，将刚刚保存的视频导入抖音。进入视频编辑界面，点击底部列表中的"选音乐"按钮🎵，打开配乐列表后，点击"更多"选项，在抖音音乐库中搜索音乐"Colors（彩色）"，将其添加到剪辑项目，即可完成这款色彩卡点音乐视频的制作。视频最终效果如图 D-20 所示。

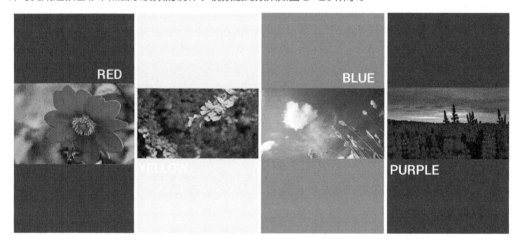

图 D-20

附录E 爱剪辑

1. 概述

爱剪辑是一款简易且全能的视频剪辑软件，该软件以更适合国内用户使用习惯与功能需求为出发点，进行了全新的设计。它支持多个视频合并剪切，支持多种视频格式，且在用户创作过程中无须编码。

2. 获取和安装

爱剪辑是一款PC端视频编辑软件，在计算机浏览器的搜索栏中输入"爱剪辑"查找爱剪辑官网，进入官网下载软件，如图E-1所示。

图E-1

3. 特点和优势

爱剪辑支持编辑多种视频及音频格式，内置大片级的文字特效，有多达上百种专业风格效果，并且囊括各种动态或静态特效技术，以及画面修复与调整方案。在视频编辑界面中，单击任意效果即可轻松将其添加到项目。其大量高质量3D和其他专业的高级切换特效，如图E-2所示，能让视频更具动感且与众不同。

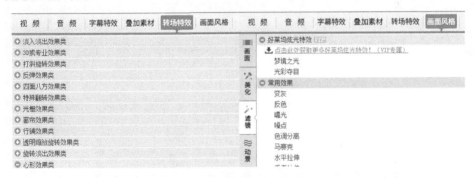

图E-2

爱剪辑独创MTV歌词字幕同步功能，可以根据背景音乐动态显示歌词信息，并且每行歌词具有动感十足的字幕呈现特效。

4. 难易程度★★★

爱剪辑没有时间线和轨道，对零基础用户来说不需要理解各种专业的剪辑术语，剪辑界面直观易懂，操作起来非常简单。

附录F 万兴喵影

1. 概述

万兴喵影上线至今获得了众多用户的认可和称赞。万兴喵影始终关注用户的需求及体验，不断为用户提供高效、有趣的软件产品及相关服务。

万兴喵影是一款易上手、功能强大的视频剪辑软件,软件界面简洁时尚,拥有灵活的时间轴剪辑功能及创意特效,方便用户随时记录生活。

2. 获取和安装

万兴喵影作为一款功能丰富且便捷易用的视频编辑软件,可用于Windows、macOS系统,以及有Android及iOS版。在计算机浏览器的搜索栏中输入"万兴喵影",进入其官网即可进行下载安装,如图F-1所示。

图F-1

此外,万兴喵影还推出了移动版,在手机应用商店或App Store中搜索"万兴喵影"即可进行下载安装,如图F-2所示。

图F-2

3. 特点和优势

　　万兴喵影的视频编辑界面非常简洁，功能模块及时间轴分布一目了然，新用户在短时间内就能轻松掌握其使用方法。初次启动软件时，软件将为用户提供快速入门预览，如图F-3所示。万兴喵影软件功能齐全，支持用户创作抖音短视频、B站视频、Vlog、电子相册、家庭记录视频等，还具备绿幕抠图功能，可以帮助用户轻松实现创意合成。

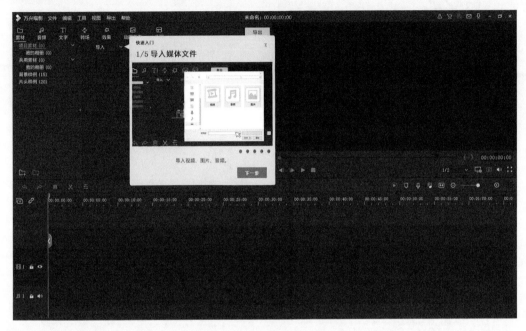

图F-3

4. 难易程度★★

　　万兴喵影的定位是一款全民皆可使用的视频剪辑软件，难度系数较低，不管是剪辑新手还是剪辑经验丰富的人，都能使用。

5. 使用万兴喵影制作电商短视频

　　下面讲解使用桌面版万兴喵影制作电商短视频的操作。

扫码看视频

①导入并修剪视频

◁ **01** 在计算机中下载并安装桌面版万兴喵影，安装完成后，启动程序，在弹出的项目对话框中，设置视频的比例为9：16（竖屏），如图F-4所示，单击"新项目"按钮，进入视频编辑界面。

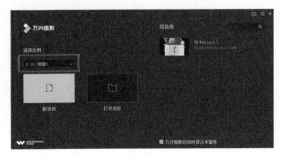

图F-4

◁02 在视频编辑界面单击"点击导入媒体文件"按钮，如图 F-5 所示。

◁03 弹出"打开"对话框，选中所有素材，单击"打开"按钮，如图 F-6 所示，即可将所选素材添加到素材面板。

图 F-5   图 F-6

◁04 将鼠标指针移动到"背景"素材上方，素材缩览图上方将出现蓝色的"＋"标记，如图 F-7 所示，单击标记即可将"背景"素材添加到轨道中。

◁05 用同样的方法，继续将其他素材添加到轨道中。需要注意的是，在添加"亮片效果"素材时，将弹出"项目参数设置"对话框，单击"不做更改"对应的选项即可，如图 F-8 所示。

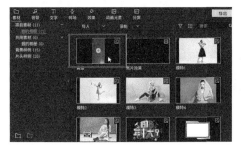

图 F-7   图 F-8

◁06 将"亮片效果""展示框""装饰 2""文字""装饰 1""背景"素材依次添加到轨道，如图 F-9 所示。

图 F-9

◁07 在轨道中单击"亮片效果"素材，将时间线拖动到 00：00：15：00 的位置，单击时间线上的"剪刀"按钮✄，分割素材，然后单击时间线后方的素材，在工具栏中单击"删除"按钮🗑，如图 F-10 所示。

图F-10

◁08 选中"展示框"素材,将鼠标指针移动到素材尾部,当指针变为双向箭头时,按住鼠标左键向右拖动,将素材的时长调整至 00:00:15:00 位置,如图 F-11 所示。

◁09 按照上述方法,将时间轴中其他素材的时长调整至 00:00:15:00 位置,如图 F-12 所示。

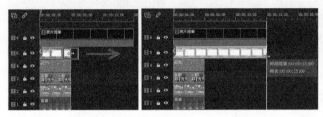

图F-11

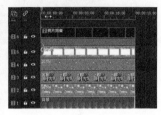

图F-12

②调整素材比例和效果

◁01 选中"亮片效果"素材,在工具栏中单击"裁剪和缩放"按钮🔲,打开"裁剪和缩放"对话框,在"高宽比"选项中选择 9:16,并调整截取位置,然后单击"确认"按钮 确认 ,如图 F-13 所示。

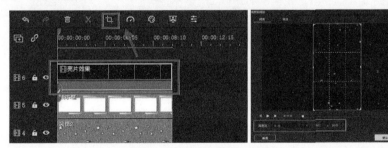

图F-13

◁02 双击"亮片效果"素材,在打开的面板中的"影片"选项区勾选"绿幕抠像"复选框,设置"选择颜色"为黑色,然后单击"确认"按钮 确认 ,此时预览框中将出现亮片效果,如图 F-14 所示。

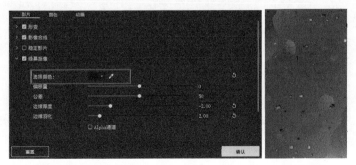

图F-14

◁ 03 选中"背景"素材,在工具栏中单击"裁剪和缩放"按钮■,在"裁剪和缩放"对话框中设置"高宽比"为 9:16,并调整截取位置,如图 F-15 所示,完成操作后,单击"确认"按钮 确认 。

◁ 04 单击"装饰1"素材,在视频预览框适当调整素材的位置和大小,如图 F-16 所示。

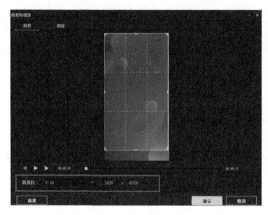 

图 F-15   图 F-16

◁ 05 使用同样的方法,调整"文字"素材的位置和大小。接着,双击"文字"素材,在打开的面板中,单击"动画"选项卡,然后双击列表中的"缩放回弹"效果,如图 F-17 所示,单击"确认"按钮 确认 ,即可将该效果应用于素材。

 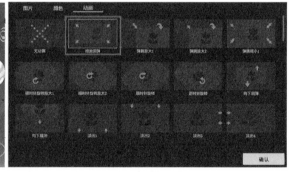

图 F-17

◁ 06 在轨道中单击"装饰2"素材,在视频预览框调整素材的大小和位置,如图 F-18 所示。

◁ 07 双击"装饰2"素材,在打开的面板中,单击"动画"选项卡,然后双击"闪动放大"效果,如图 F-19 所示,单击"确认"按钮 确认 ,即可将该效果应用于素材。

 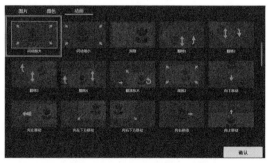

图 F-18   图 F-19

◁ 08 在轨道中双击"展示框"素材，在打开的面板中，勾选"图片"选项卡中的"绿幕抠像"复选框，设置"选择颜色"为白色；完成操作后，单击"确认"按钮 ▭ **确认**，预览框将显示抠图完成的素材效果，适当调整素材的位置及大小，如图 F-20 所示。

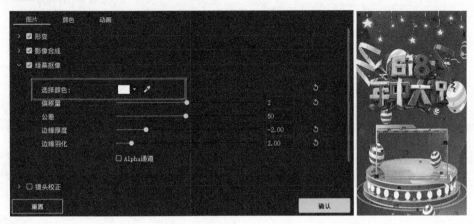

图F-20

③添加图片素材

◁ 01 在轨道中单击"亮片效果"素材，将素材移到上一条轨道（7 号视频轨），然后单击"锁定"按钮 🔒 将其他轨道锁定，如图 F-21 所示。

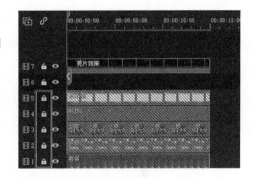

图F-21

◁ 02 在素材面板中，依次在轨道区添加素材"模特1""模特2""模特3""模特4""模特5"，并移动素材到 6 号轨道，如图 F-22 所示。

图F-22

◁ 03 在轨道中单击选中"模特1"素材，将其时长调整至 00：00：03：00，如图 F-23 所示。
◁ 04 在视频预览框中，调整素材"模特1"的位置和大小，如图 F-24 所示。

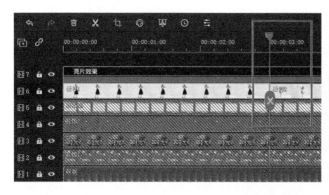

图F-23 图F-24

◁ 05 双击"模特1"素材,单击"动画"选项卡,
然后双击"下坠"效果,如图 F-25 所示,单击"确
认"按钮 确认 ,即可将该效果应用于素材。

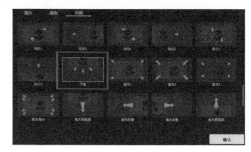

图F-25

◁ 06 使用同样的方法,继续调整素材"模特2""模特3""模特4""模特5",效果如图 F-26 所示。

图F-26

④添加字幕

◁ 01 在轨道中单击"亮片效果"素材,将素材移到上一
条轨道(8 号视频轨),并单击"锁定"按钮 🔒 将已经放
置了素材的 7 条轨道锁定,如图 F-27 所示。

图F-27

◁ 02 在"文字"面板中，单击"新概念"选项，选中"新标题2"字幕效果，添加5份至轨道，如图F-28所示。

图F-28

◁ 03 在轨道中双击第1段文字素材，在"文本"面板中更换文字内容为"限时特惠价¥199"，并更改字体为"方正彩源体简体Heavy"，如图F-29所示，完成后单击"确认"按钮 确认 。

图F-29

◁ 04 在视频预览框调整文字素材的大小和位置，并将时长调整至00:00:03:00，如图F-30所示。

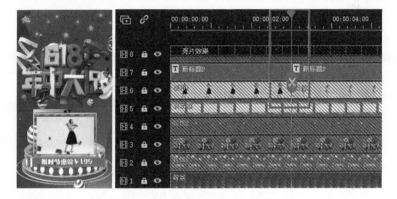

图F-30

◁ 05 使用上述添加字幕的方法，调整第2段字幕素材的文字内容为"限时特惠价¥119"、第3段文字素材的文字内容为"限时特惠价¥298"、第4段的文字内容为"限时特惠价¥88"、第5段的文字内容为"限时特惠价¥188"，如图F-31所示。

图F-31

⑤添加背景音乐

◁ 01 将时间线拖动到视频的初始位置，在"音频"面板中单击"我的音乐"选项，然后单击"点击导入媒体文件"按钮，如图 F-32 所示。

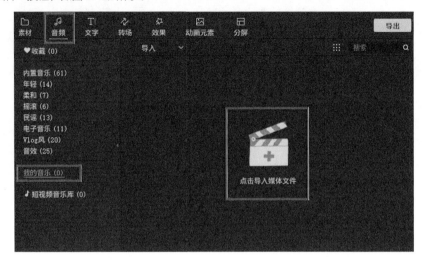

图F-32

◁ 02 在"打开"对话框中，选择对应音乐素材，单击"打开"按钮，如图 F-33 所示。

◁ 03 将鼠标指针移动到音频面板中的"音乐"上方，单击素材上方的"＋"标记，如图 F-34 所示，即可将素材添加至轨道中。

图F-33

图F-34

◁ 04 将时间线拖动到 00:00:15:00 位置，在轨道中单击选中"音乐"素材，然后单击时间线上的"剪刀"按钮▨，如图 F-35 所示，将素材分割成两段。

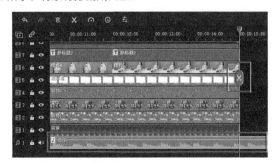

图F-35

◁ 05 单击选中时间线后方的"音乐"素材,在工具栏中单击"删除"按钮▣,如图 F-36 所示,将多余的素材删除。

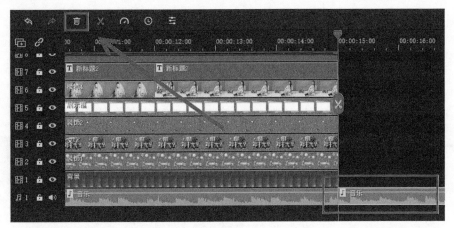

图F-36

◁ 06 完成所有操作后,单击素材面板右上角的"导出"按钮,在弹出的"导出"面板中,设置视频格式和比例,如图 F-37 所示。

◁ 07 完成设置后,单击"导出"按钮,视频将自动渲染导出,显示导出进度,如图 F-38 所示。最终效果如图 F-39 所示。

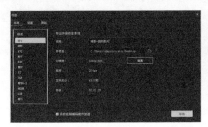

图F-37

图F-38

图F-39

附录G　蜜蜂剪辑

1. 概述

　　蜜蜂剪辑是一款全平台视频剪辑软件，适合大部分视频剪辑场景。蜜蜂剪辑支持多功能视频编辑、多种视频比例、多条轨道同时编辑，同时提供各种设计模板，即使是初学者也能轻松制作出精彩视频。

2. 获取和安装

　　蜜蜂剪辑为用户提供了Windows、Mac、iOS和Android版本，用户在计算机浏览器中搜索蜜蜂剪辑进入官网即可下载安装，也可以在手机应用商店或App Store中搜索蜜蜂剪辑进行下载安装，如图G-1所示。

图G-1

3. 特点和优势

　　蜜蜂剪辑软件支持多轨道同时编辑，且支持叠加滤镜，添加动画及文字等效果，时间轴区域各层分布明确，通过提示文字可以直观地编辑视频，如图G-2所示。

　　在使用时可以设置对项目进行自动保存，如图G-3所示。设置完成后，软件可以实时自动保存正在编辑的项目，即使遇到突发情况也不用担心丢失已经编辑好的项目。

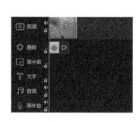

图G-2

图G-3

4. 难易程度★★

蜜蜂剪辑的难度系数较小，视频编辑界面简洁，如图G-4所示，对于新手来说，操作过程不复杂，是一款能够轻松上手的剪辑软件。

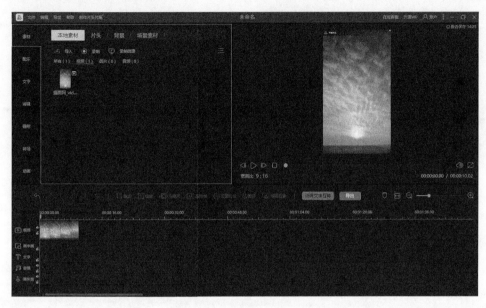

图G-4

5. 使用蜜蜂剪辑制作自媒体视频开场

下面讲解使用蜜蜂剪辑导入并修剪视频的具体操作。

扫码看视频

①导入并修剪视频

◁ 01 在计算机中下载并安装官方版蜜蜂剪辑软件，安装完成后，启动程序，在弹出的视频比例对话框中选择"9∶16（手机竖屏）"选项，进入视频编辑界面，如图G-5所示。

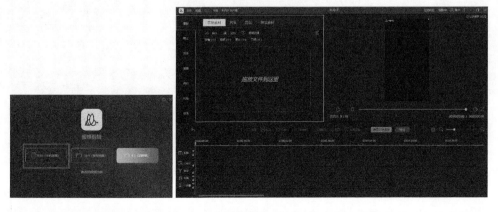

图G-5

◁ 02 在视频编辑界面左上角的"素材"面板中,单击"导入"→"导入文件"选项。弹出"打开"对话框,选择相关素材文件夹中的 16 张图片,单击"打开"按钮,如图 G-6 所示。

图 G-6

◁ 03 将图片导入素材面板后,将鼠标指针移动到图片素材上,单击"+"标记,将图片依次添加到同一视频轨道,如图 G-7 所示。

图 G-7

◁ 04 单击第 1 张图片素材,在工具栏中单击"裁剪"按钮,如图 G-8 所示。

◁ 05 打开裁剪面板,勾选"保持宽高比"复选框,然后适当调整截取位置,如图 G-9 所示。完成操作后,单击"确定"按钮。

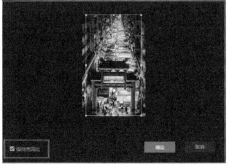

图 G-8 　　　　　　　　　　　　　　　　图 G-9

◁ **06** 按照同样的方法，对剩下的 15 张图片素材进行修剪，裁剪后的部分画面效果如图 G-10 所示。

图G-10

②调整视频时长

◁ **01** 在轨道中单击第 1 张图片，在工具栏中单击"设置时长"按钮 ⏱，如图 G-11 所示。

图G-11

◁ **02** 打开"设置时长"面板，将素材的"持续时长"设置为 00∶00∶01.00，如图 G-12 所示，单击"确定"按钮 确定 。

图G-12

◁ **03** 用同样的方法，对剩余的 15 张图片素材进行修剪，完成后的素材分布效果如图 G-13 所示。

图 G-13

③添加字幕

◁ 01 将时间线拖动到素材初始位置，进入视频编辑界面，打开"文字"面板，将鼠标指针移动到"横标题"文字样式上，单击"＋"标记，将该文字样式添加到轨道，如图 G-14 所示。

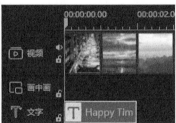

图 G-14

◁ 02 在轨道中双击文字素材，打开文字编辑面板，更换文字内容为"香港庙街"，并将字体设置为"汉仪长美黑简"，如图 G-15 所示，完成后单击"确定"按钮 确定 。

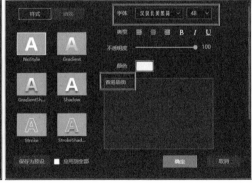

图 G-15

◁ 03 在视频预览框中拖动文字素材，调整素材的位置和大小，如图 G-16 所示。

图 G-16

◁ 04 在轨道中单击选中文字素材，将鼠标指针移动到素材尾部，当指针变为双向箭头后，按住鼠标左键，将素材向左拖动，调整文字素材的时长为 00∶00∶01.00，如图 G-17 所示。

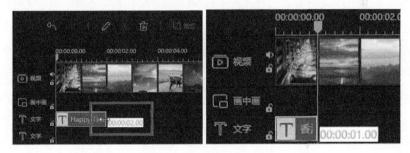

图 G-17

◁ 05 按照同样的方法，对应第 2 张图片，创建文字素材"宁德霞浦"，并将其时长调整为 00∶00∶01.00，效果如图 G-18 所示。

图 G-18

◁ 06 按照同样的方法，对应第 3 张图片，创建文字"桂林阳朔"；对应第 4 张图片，创建文字"青海茶卡盐湖"；对应第 5 张图片，创建文字"新疆喀纳斯"；对应第 6 张图片，创建文字"陕西光头山"；对应第 7 张图片，创建文字"杭州千岛湖"；对应第 8 张图片，创建文字"云南泸沽湖"；对应第 9 张图片，创建文字"重庆武隆"；对应第 10 张图片，创建文字"江西武功山"；对应第 11 张图片，创建文字"大理洱海"；对应第 12 张图片，创建文字"一起"；对应第 13 张图片，创建文字"环游世界"；对应第 14 张图片，创建文字"世界那么大"；对应第 15 张图片，创建文字"你想看看吗"。完成操作后，得到的对应画面部分效果如图 G-19 所示。

图 G-19

◁ 07 对应第 16 张图片，创建文字"小王的旅行日记"，在文字设置面板中单击"动效"选项中的"RotateCounterClock360"效果，如图 G-20 所示，将其应用于文字素材，完成设置后，单击"确定"按钮 确定 。

图 G-20

④添加转场

◁ 01 在轨道中，将时间线拖动到第1段素材的中间位置，然后在"转场"面板中的"滑动"选项列表中，将鼠标指针移动到"向左滚动"转场样式的上，单击"＋"标记，将转场样式添加到轨道素材，如图 G-21 所示。

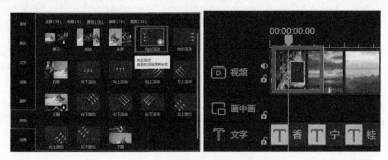

图 G-21

◁ 02 在轨道中双击"向左滚动"转场样式，在弹出的面板中调整样式的"持续时长"为 00：00：00.07，如图 G-22 所示，完成后单击"确定"按钮 确定 。

图 G-22

◁ 03 在轨道中，将时间线拖动到第2段素材的中间位置，然后在"转场"面板中的"滑动"选项列表中，将鼠标指针移动到"向右滚动"转场样式的上，单击"＋"标记，将转场样式添加到轨道素材，并将该样式的"持续时长"设置为 00:00:00.07，此时在轨道中的样式效果如图 G-23 所示。

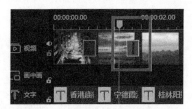

图 G-23

◁ 04 按照同样的方法，为第3段素材添加"向下滚动"转场特效、为第4段素材添加"向上滚动"转场特效、为第5段素材添加"右上滚动"转场特效、为第6段素材添加"左下滚动"转场特效、为第7段素材添加"右下滚动"转场特效、为第8段素材添加"左上滚动"转场特效、为第9段素材添加"右下擦出"转场特效、为第10段素材添加"左上擦出"转场特效、为第11段素材添加"右上擦出"转场特效、为第12段素材添加"左下擦出"转场特效、为第13段素材添加"右上滚动"转场特效、为第14段素材添加"左下滚动"转场特效、为第15段素材添加"右下滚动"转场特效、为第16段素材添加"左上滚动"转场特效。添加效果后，统一设置各转场特效的"持续时长"为 00:00:00.07，完成操作后，轨道中对应的素材效果如图 G-24 所示。

图 G-24

⑤添加背景音乐

◁ 01 在"素材"面板中,单击"导入"→"导入文件"选项,在弹出的"打开"对话框中,选择合适的音乐文件,如图 G-25 所示。选择素材后,单击"打开"按钮,将音乐添加到"素材"面板。

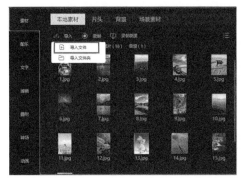

图 G-25

◁ 02 在"素材"面板的"音频"列表中,将鼠标指针移动到"背景音乐"素材上,单击"+"标记,如图 G-26 所示,可以将素材添加到轨道。

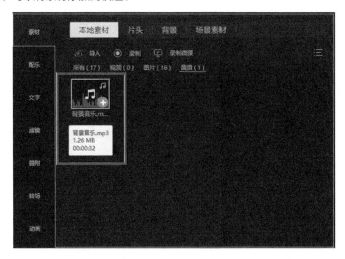

图 G-26

◁ 03 在轨道中拖动时间线到 00:00:16.00 处,单击"背景音乐"素材,在工具栏中单击"剪刀"按钮█,如图 G-27 所示,将素材分割为两段。

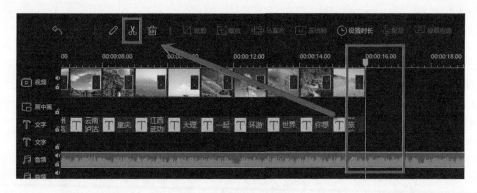

图G-27

◁ 04 在轨道中选中时间线后方的"背景音乐"素材,单击工具栏的"删除"按钮 🗑,如图 G-28 所示,将多余的音乐素材删除。

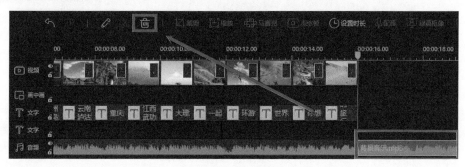

图G-28

⑥导出视频

◁ 01 单击工具栏中的"导出"按钮 导出,如图 G-29 所示。

图G-29

◁ 02 打开"导出"面板,设置视频的名称及保存位置,如图 G-30 所示,单击"导出"按钮 导出,即可将视频导出至对应文件夹。最终效果如图 G-31 所示。

图G-30

图G-31